KB167108

깡깡이마을, 100년의 울림

"주름 속에 감춰진 삶의 노래"

- 생활편 -

서문

깡깡이예술마을 사업단이 영도다리를 건너 대평동에 발을 디딘 지 햇수로 2년이 되어갑니다. 두 번의 여름이 지나는 동안 일하는 분들의 작업복이 조금씩 다르다는 걸 알게 되었고, 두 번의 겨울이 지났을 즈음엔 물양장에 계류된 선박들이 조금씩 바뀐다는 것도 깨달았습니다. 풀풀 날리는 쇳가루도, 골목의 들꽃도, 식당의 반찬도, 자전거도, 골목의 고양이들도 계절에 따라 이동하는 방향이나 머무는 곳이 제각기 다르다는 걸 알게 되기까지 꽤 오랜 시간이 걸렸습니다. 아마도 마을에 오래 머무르지 않았다면 몰랐을 미묘한 차이일 것입니다.

그 시간 속에는 여러 사람이 함께 만들어낸 새로운 변화도 있습니다. 수십 년 동안 마을 공간을 지켜온 선대의 의지와, 후대의 노력이 모여 너른 마당이 있는 주민 생활문화공간이 생겼습니다. 다양한 예술작품들이 곳곳에 자리 잡으며 마을의 낮과 밤을 함께 하기 시작했습니다. 마을이 꽤 알려져 주말이면 심심찮게 방문객들이 찾아와 전에 없던 활력도 생겼습니다. 무엇보다 시를 지어보고, 춤 공연을 무대에 올려보고, 마을 소식을 취재하고, 화초를 가꾸고, 마을다방을 준비하면서 깡깡이마을 주민들의 삶이 전과는 조금 달라졌습니다. 깡깡이예술마을 사업이 마을의 생활리듬을 변화시킨 것입니다.

이 책은 2년이라는 시간을 거친 후 비로소 알게 된 주민들의 생활상과 달라진 풍경을 다룹니다. 역사편, 산업편에 이어 생활편을 가장 마지막에 펴게 된 것은 시간이 쌓여야 그러한 모습들을 볼 수 있는 까닭입니다. 그 시간과 풍경을 오롯이 기록한 이 책을 통해 여간해선 눈치채기 어려운 마을의 모습을 조금이나마 엿볼 수 있길 바랍니다. 마을의 가장 일상적인 모습들에 주민과 방문객들의 관심과 애정이 깃들길 기대합니다.

2018년 봄.
깡깡이예술마을 사업단

목차

서문

항구도시 부산, 기억과 소통의 공간, 깡깡이예술마을_ 이승욱 6
대평동, 100년 옛길과 85년 전 거리 풍경_ 강영조 12
마을을 닮은 자전거, 사람을 닮은 자전거_ 하은지 28
작업복을 기억하는 법_ 전재현 38
나, 대평동, 그리고 러시아_ 오동건 46
영도, 영화와 만나다_ 김필남 54
숫자로 보는 깡깡이마을 66
대평동마을회의 역사_ 김동진 74
'나만의 이야기'가 있는 마을 속 장소_ 마을해설사 동아리 80
카툰 - 출근_ 이혜미 84
깡깡이 생활문화센터를 소개합니다 88
마을동아리를 소개합니다 94
시와 그림이 있는 깡깡이마을_ 시화동아리 102
깡깡이마을은 과연 무슨 꿍꿍이를 품고 있는 걸까?_ 방호정 110
깡깡이예술마을 공공예술프로젝트_ 이여주 120
깡깡이마을에 자리 잡기 - 대성 잠수기_ 정만영 146
깡깡이 오버씨 프로젝트 '바다를 건너는 사람들'_ 이대한 154
영도의 도시재생과 주민의 삶, 그리고 과제_ 김두진 164

대평동, 내 문학의 마르지 않는 우물_ 정우련 174
그래픽노블 〈깡깡이블루스〉_ 마크 스태포드(Mark Stafford) 198

항구도시 부산, 기억과 소통의 공간, 깡깡이예술마을

글/ **이승욱**

깡깡이예술마을 예술감독, 플랜비문화예술협동조합 상임이사 깡깡이예술마을은 '오래된 것'을 기억하고 드러내는 시도이다. '오래된 것'은 단지 지나간 과거가 아니라 과거에서 현재까지 이어져오는 전통과 문화에 연관된 것이다. 개항과 더불어 최초의 근대적 조선소가 설립되어 지금도 크고 작은 수리조선소와 공업사들이 자리한 대평동은 개항과 근대화 시대를 거치며 부산이 우리나라 최대 항구도시로 성장하는 역사의 굴곡과 자취를 고스란히 간직한 공간이다. 오페라하우스와 화려한 상업시설, 고층아파트들이 들어서는 인근 북항지구는 부산의 새로운 랜드마크를 꿈꾸고 있지만 대규모 철거와 급격한 재개발방식은 공간이 가진 역사성과 장소성을 파괴하고 그 속에서 살아가는 사람들의 삶의 기반, 공동체의 연속성을 허물어뜨린다. 깡깡이마을이란 별칭은 배를 수리하는 과정에서 녹슨 배의 표면을 벗겨내는 재생의 망치질 소리에서 유래했듯이 깡깡이예술마을은 바다를 생활의 터전으로 살아가는 사람들의 역동적인 삶을 통해 항구도시 부산의 원형을 되살리는 도시재생 프로젝트이다.

2015년 부산시 도시재생 공모사업으로 선정되어 출발한 깡깡이예술마을은 지난 2년여 동안 다양한 분야의 예술가들이 참여하여 마을 곳곳에 필요한 독특한 공공시설물을 제작했다. 어두운 골목길을 밝히는 구름 모양의 가로등을 곳곳에 설치했고 선창가에는 그물 모양을 형상화한 유려한 외관의 LED 가로등을 세웠다. 버스정류장이나 골목길에는 주민들의 편익을 위해 다양한 벤치 작품을 설치했는데 마을에 버려진 자개농과 닻을 직접 활용하거나 익숙한 마을의 정경을 새겨 놓았다. 공장의 외벽에는 사람의 얼굴 표정을 닮은 선박의 외관을 그리거나 깡깡이마을의 친숙한 풍경과 색채를 담은 페인팅 작업을 진행했다. 선창가 축대에는 바람이나 조수간만의 흐름에 맞춰 움직이는 키네틱아트 작품을 설치했는데 흥미를 유발하는 효과뿐 아니라 지나가는 차량이나 사람들에게 추락 경고판을 대신하고 있다. 이러한 공공예술작품들은 기획단계에서부터 제작, 설치 과정까지 지속적으로 주민들의 요구와 의견을 수렴하여 작품에 대한 주민들의 관심과 이용을 이끌어내는 것에 초점을 맞췄다.

주민들이 참여하여 여러 가지 활동과 사업을 직접 이끌어가는 다양한 동아리 활동들도 동시에 진행했다. 시화동아리 활동을 통해 주민들이 직접 쓰고 그린 시화 작품으로 전시회를 개최하고 시집을 발간했다. 6개월 동안 진행된 춤 동아리는 6명의 할머니들이 참여하여 직접 자신의 이야기와 몸짓을 담은 춤 공연을 마을축제를 통해 선보였다. 마을 기자와 해설사를 양성하는 동아리를 운영하여 매월 마을신문을 발간하고 외부 방문객들에게 주민들이 직접 해설하면서 마을 투어를 진행하고 있다. 마을정원사 동아리 참가자들은 예술가와 함께 공터에 쌈지공원을 조성하고 골목길 곳곳에 화초를 심고 가꾸는 역할을 담당하고 있다. 마을다방 동아리에 참가한 3명의 주민들은 바리스타 자격증을 취득하고 새로 조성된 커뮤니티센터 내에 마을다방과 공동체부엌의 운영을 준비하고 있다. 이러한 활동들은 다양한 문화예술 활동에 직접 주민들이 참여하여 지속가능한 지역 공동체 형성을 목표로 하고 있다.

깡깡이예술마을은 지역의 역사와 삶의 발자취를 담고 있는 다양한 콘텐츠를 제작했다. 각각 깡깡이마을의 역사, 산업, 생활을 다룬 세 권의 책자를 발간했고 수리조선 작업의 전체 공정을 기록한 다큐멘터리도 제작했다. 부산 출신의 유명 대중가수와 인디밴드가 깡깡이마을을 소재로 작곡한 노래 두 곡과 부산과 영국의 만화가가 그린 웹툰과 그래픽노블도 발간했다. 깡깡이마을 곳곳의 소리를 채록한 사운드스케이프, 소리지도를 제작했고 깡깡이마을의 일상을 다양한 소리로 체험할 수 있는 예술작품들도 설치됐다. 이 모든 기록과 콘텐츠는 출판물과 온라인을 통해 배포되고 있고 새로 조성된 세 곳의 공간, 마을박물관, 깡깡이마을공작소, 복합안내센터에서 소개되고 있다.

깡깡이예술마을은 2018년 하반기부터 본격적으로 영도도선의 복원을 추진하고 있다. 영도도선은 1890년대부터 영도와 도심을 잇는 유일한 교통수단이었고 영도다리가 설치된 이후에도 2008년 운항을 중단할 때까지 쉼 없이 영도 대평동과 자갈치를 오가며 수많은 승객들을 실어 날랐다. 예전 선착장이 자리한 곳에 컨테이너를 활용한 터미널 겸 복합안내센터를 짓고 예술가의 작업으로 독특한 외관을 갖춘 선박을 이용하여 남항 일대를 둘러보는 바다버스를 운항할 계획이다. 깡깡이 바다버스는 영도다리부터 자갈치와 깡깡이예술마을 일대를 둘러보며 항구도시 부산의 독특한 정취를 체험할 수 있는 기회를 제공할 것이다.

깡깡이예술마을은 문화예술을 통해 이 지역의 역사와 삶을 기록하고 소통하려는 노력의 결과물이다. 문화예술이 도시재생 프로젝트에 기여할 수 있는 바는 단순히 장식적인 볼거리를 제공하는 것이 아니라 성찰과 소통이라는 문화예술이 지닌 본원적 힘과 가치일 것이다. 깡깡이마을 입구 아파트 외벽에 '깡깡이 아지매'의 얼굴을 표상하는 대형 인물화를 그린 작가는 사람들의 관계를 단절하는 콘크리트 벽체가 자신의 작품을 통해 소통의 매개체가 될 수 있기를 희망했다. 마을 커뮤니티센터를 개축하기 위해 오래된 나무 두 그루를 베어내던 날 일흔 평생을 이 마을에서 살았던 할머니는 그 아쉬움을 시 한 편에 담았다. 주민들이 함께 고사를 지내고 베어낸 이 나무는 조각가의 손을 거쳐 나무벤치로 만들어져 다시 그 자리에서 주민들의 손길을 기다리고 있다. 깡깡이마을의 시간과 역사는 앞으로도 오랫동안 이렇게 이어질 것이다.

●대평동 물양장 풍경

대평동, 100년 옛길과 85년 전 거리 풍경

글/ **강영조**

동아대학교 조경학과 교수. 전공은 경관공학. 저서 〈풍경에 다가서기〉(2003, 효형출판), 〈부산은 항구다〉(2010, 동녘) 외 다수. 〈근대 영도의 도시 풍경-100년 묵은 영도의 도시풍경〉(영도문화원, 2018)의 연구책임자

대평동 백년 옛길

최근 대평동에 100년 묵은 옛길이 있다는 것을 확인했다.

1916년 조선총독부 임시토지조사국 육지측량부가 측도한 축척 1만분의 1 지형도를 손에 넣은 것은 지난 2017년 여름 무렵이었다. 그 지도는 미국의 스탠퍼드 대학 도서관에서 소장하고 있던 것인데, 조지아 대학 이성경 교수가 그 대학 도서관 관계자에게 복제본을 받아 내게 보내준 것이었다. 1916년 측도하고 1919년 발행한 이 지도는 근대영도의 모습을 알 수 있는 가장 오래된 측량지도였다.

나는 그 지도에서 1916년 무렵 이미 대평동을 관통하는 길이 있다는 것을 확인했다. 지금의 대평동 초입 대진상사 앞에서 동아조선소까지 대평동 한가운데를 관통하는 길이다. 대평로이다. 그리고 이 대평로를 축으로 해서 바다 쪽으로 가지를 뻗고 있는 작은 길도 그때 이미 사용하고 있던 길이었다. 1916년 당시 해안선은 사빈이었기 때문에 대평동 사람들은 지금의 대평로를 동서로 관통하는 길을 빠져나와 모래밭을 지나 파도가 밀려오는 항구로 걸어 나갔을 것이다.

지도에는 도선장의 잔교와 배가 그려져 있다. 그리고 그 도선장의 반대편 길 - 그 길은 남항으로 직결하는 막다른 길이다 - 지금의 대평로 45번길의 초입에는 신사의 입구를 알려 주는 토리이(鳥居)가 서 있고, 그 안으로 신사 경내가 자리 잡고 있다. 그러니까 영도 도선장에서 대평로 46번길, 45번길은 100년 전부터 사용되던 길이었다. 1928년에 수정 제작된 지도에는 이 신사를 관통하여 바다로 뻗어 있는 길이 새롭게 만들어져 있다. 남항으로 직결하는 막다른 이 길-대평남로 51번길-은 90년 전 무렵에 만들어진 길이었다.

100년 전부터 사용하던 길 중에서 풍경이 가장 아름다운 길은 대평로의 북쪽 끝 길이다. 다나카 조선소가 자리하고 있던 우리조선에서 북쪽으로 뻗어 있는 길이다. 조선소 건물들을 양쪽으로 두고 그 길을 걸어 나가면, 위험을 알리는 도로 표지판이 겹겹이 붙어 있고, 심지어 '길 없음 돌아가시오'라는 주의 표지판이 걸려 있다. 그 표지판까지 걸어 나가면 실감나는 항구의 풍경과 만난다. 파도를 일으키며 지나가는 배와 갈매기와 시시각각 변하는 물결의 색,

● 1916년 조선총독부 임시토지조사국 육지측량부가 측도한 축척 1만분의 1 지형도(위)와 그 지형도에서 확인한 옛길을 2017년 지도 위에 삽기한 그림(아래)

그리고 눈앞의 바다 저 너머에는 갈매기 날개를 이고 있는 자갈치 시장이 보이고 오른쪽으로는 용두산공원과 부산타워가 이쪽을 내려다보고 있는 풍경이다. 가끔씩 통영 사람들을 싣고 부산항으로 들어오는 쾌속선이 파도를 일으키며 지나가는 광경을 볼 수 있다. 부산항에 다다르는 막다른 길이다.

대평동의 백년 옛길에서 보는 항구의 풍경은 부산항에 다다르는 막다른 길 외에도 부산항으로 다가서는 평지 길, 바다를 따라가는 길이 있다.

● 백년 풍경을 간직한 옛길의 유형

1932년 대평동 거리 풍경

1932년 대평동 거리 풍경을 짐작하게 하는 자료를 발굴했다. 부산부에서 발간한 <부산상공안내(釜山商工案內)>(1932년)이다. 당시 부산에서 영업하던 상점과 공장을 업종별로 정리한 것으로 상점의 주소와 상점주의 이름이 명기 되어 있다. 이 자료를 가지고 1936년에 제작한 지번도에서 상점의 위치를 확인하고 이를 2017년 지도 위에 병기하여, 1932년 대평동에 입점했던 상점 분포도를 제작하였다. 이 지도로 85년 전 대평동 거리 풍경을 상상할 수 있었다.

1932년의 대평동은 지금의 대평로를 가운데에 두고 선박 수리 공장, 신발가게, 쌀집, 잡화점, 식당이 늘어서 있었다. 지금과 별반 다르지 않은 거리 풍경이다. 항구 쪽에는 아라이(荒井), 코노미(許斐) 제염소와 선박 철공소가 있고 그 사이사이에 생선가게, 하시모토 어묵공장(橋本蒲鉾), 야마자키(山崎) 간장공장이 보인다. 목욕탕도 3개나 있다. 목욕탕 옆집에 이발소가 있는 것도 지금 우리의 생활공간과 그리 다르지 않다.

눈길을 끄는 것은 유곽이다. 당시 영도에는 유곽이 13개 있었다. 그중 6개소가 대평동에 입점하고 있었다. 유흥시설인 유곽이 대평동에 6개소 입점하고 있었다는 것은 당시 대평로가 영도의 중심 유흥가였다는 것을 보여준다.

그런데 유곽이라고 하면 부정적인 이미지가 연상되지만 그렇게 음습한 영업점은 아니었던 모양이다. 유곽 매월(梅月)의 주인인 쿠부시로 칸이치(久布白貫一)는 영도에 거주하는 부산부 의원이었다. 그가 1925년 목지도 대좌부(貸座敷) 영업 조합 조합장에 선출되었다는 사실을 당시 부산일보가 2단 기사로 보도하고 있다(釜山日報, 1925년 3월 24일). 지금으로 치면 부산시의회 의원이 유곽의 주인이고 영도에서 영업하는 유곽들의 조합장에 선출되었다고 공공에게 알린 셈이 되니, 유곽에 대한 당시 사람들의 인식은 지금과는 사뭇 달랐던 것으로 보인다. 하나 더. 1925년 목지도 대좌부 영업 조합의 부조합장으로 선출된 자는 대평동의 유곽 월견루(月見楼)의 주인 이나마스 츠네지로(稲増恒二郎)였다. 대평동 유곽의 위상을 알 듯하다.

유곽 명월(明月)과 같은 필지에 전당포가 입점해 있는 것도 눈길을 끈다. 유곽 일진루(日進樓) 바로 뒤편에도 전당포가 있었다. 유곽과 전당포. 잘 어울리는 조합이 아닌가.

대평동의 풍경 유산

대평동의 백 년 옛길은 근대 부산의 풍경 유산이다.

대평동의 백 년 옛길은 근대 부산이 번영하던 당시 영도에서 바라보던 부산항의 풍경을 지금도 볼 수 있는 길이다. 액자 속에 담긴 항구 풍경처럼 길 끝에 푸른 하늘을 배경으로 부산항 풍경이 걸려 있는 것은 1916년이나 지금이나 마찬가지다. 길가의 건물과 항구의 도시 모습은 예전과 다르지만, 길 위에 서서 항구로 향하는 자세와 시선으로 부산항의 풍경을 획득하는 방법은 예나 지금이나 여

● 1932년 대평동 거리에 입점했던 상점 분포도

전하다. 그때 그 길에 서 있던 사람들은 이젠 모두 사라졌지만 그 대신 길 끝에 항구를 숨겨둔 백 년 옛길을 남겨 두었다. 그리고 그 사람들이 바라보던 푸른 풍경은 아직도 여전하다. 100년 전 대평동 사람들이 우리에게 넘겨준 부산항에 다다르는 막다른 길, 부산항으로 다가서는 평지 길과 그 길에서 보이는 부산항 풍경은 근대 부산의 역사적 자산이다. 우리도 아끼고 남겨 후대에 물려주어야 할 보물이다.

대평동의 백 년 옛길과 85년 전 거리 풍경은 <근대 영도의 도시풍경-100년 묵은 영도의 도시풍경>(영도문화원, 2018)에 자세하게 정리해 두었으니 관심 있는 분은 찾아보아도 좋을 것이다.

1920년 도

다이마츠 간장

9NINE HOTEL
DCU

시라이시 제염소

다나카조선소

우리조선
안전모착용
안전화착용
안전복착용

마을을 닮은 자전거,
사람을 닮은 자전거

글·사진/ **하은지**

깡깡이예술마을 사업단

깡깡이마을이 어떤 곳인지 가장 잘 알 수 있는 게 무엇이냐 묻는다면 어떤 이는 수리조선소라 할 것이고 또 어떤 이는 '깡깡이 아지매'라 할 것이다. 나는 여기에다 '자전거'를 더하고 싶다. "아무 데서나 볼 수 있는 그 자전거 말야?"라고 되묻는다면 이렇게 말해주고 싶다.

"이봐, 깡깡이마을 자전거는 좀 다르다구."

우리가 사용하는 다양한 연장은 몸의 연장(延長)으로 볼 수 있다. 사진가에게는 카메라가 눈의 연장이고, 목수에게 톱, 끌, 대패 등이 손의 연장이다. 기술이 좋을수록 연장은 더욱 몸의 일부처럼 작동한다. 깡깡이 아지매의 망치처럼 말이다. 그런 면에서도 '자전거'는 깡깡이마을 사람들의 '발의 연장'이다.

깡깡이마을 사람들의 성실함만큼이나 그 발의 연장인 자전거도 열일[1]을 한다. 마을 풍경에 가만히 집중해 보면 눈앞으로 지나다니는 무수히 많은 자전거들이 눈에 들어온다. 족히 이백여 대는 더 될 것이다. 이렇게 많은 자전거가 존재하게 된 데는 그만한 이유가 있다. 깡깡이마을에서는 아직도 수리조선업이 활발하게 이뤄지고 있어 차량 이동이 많은데, 그에 비해 도로가 좁고 갓길 주차가

1. '열심히 일한다'의 준말

많다. 그 와중에 시간 맞춰 재빨리 이동하려면 차 사이를 요리조리 지나다니거나 좁은 골목길을 가로질러야 하는데 자전거만큼 적합한 게 없다. 뿐만 아니라 마을에는 주차 공간이 많이 부족한데 자전거를 타면 주차 걱정을 할 필요가 없다. 자전거를 타지 않을 이유가 없는 것이다.

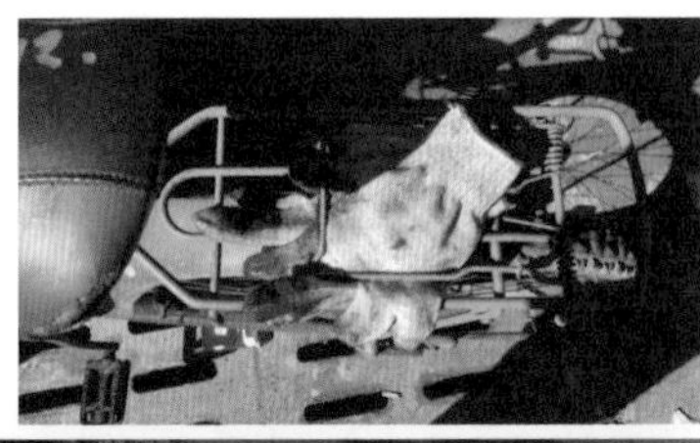

"녹장(배에 자주 쓰는 갈색 페인트)이 묻어 있는
자전거만 봐도 이곳이 수리조선소 마을이구나... 싶다."

이상한 점은 그렇게 많은 자전거가 있음에도 불구하고 마을 안에 자전거 점방[2] 하나가 없다는 것이다. 다시 한번 강조하자면 **정말 없다**. 그런데 어쩌면 당연한 건지 모른다. '못 고치는 배가 없고 못 만들어내는 부품이 없는 곳'이 깡깡이마을이다. 대형 선박도 만들고 고치는 분들에게 고작 자전거 정도야 식은 죽 먹기 일 테니까. 그래서인지 깡깡이마을 자전거에서는 각종 DIY[3]의 흔적들을 찾아볼 수 있다.

" 다소 투박하긴 해도
과하지도 덜하지도 않은
깔끔하고 간결한 수리다. "

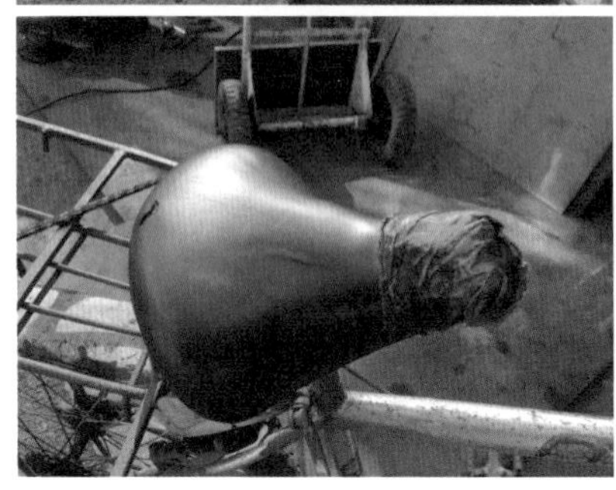

---

2. 각종 자전거 수리 및 타이어 공기 주입 등을 해주는 점포
3. Do-It-Yourself 의 약어. 가정용품의 제작 · 수리 · 장식을 직접 하는 것을 일컬음

그때그때 임기응변으로 자전거를 수리한 경우도 있지만, 아예 깡깡이마을에 적합한 형태로 변형한 자전거들이 다수 존재한다. 유럽에서 막 자전거가 발명된 시기에는 남성 스포츠 자전거 애용자들이 선호했던 앞바퀴가 큰 자전거가 주류였던 반면, 치마를 입은 여성들이 산업 현장에 투입되면서 치마를 입은 여성을 위한 앞바퀴가 작은 형태의 자전거가 나오게 되었고 지금은 이러한 형태의 자전거가 주류가 되었다. 인간과 자전거의 상호작용 결과로 보편적인 자전거의 형태가 만들어지게 된 것처럼, 깡깡이마을에서도 사람과 자전거의 상호작용으로 독특한 형태가 자전거가 나왔다. 그건 바로 배를 수리하는데 필요한 부품들을 운송하기 위해 '수납공간'을 극대화한 자전거다.

“ 몇년 후에는 또 달라질 테지... ”

이러한 자전거 형태는 깡깡이마을 사람들의 '필요'를 반영한다. 마을의 산업은 수리조선소를 중심으로 공업사와 부품업체들이 함께 협력하는 구조로 이뤄져 있다. 만약 엔진 같은 기관을 수리하다가 작은 부품이나 부속이 부족하게 되면 다른 작은 부품 업체를 통해 물건을 받아와서 작업해야 하는데 그걸 이동시켜주는 역할을 자전거가 한다. 그러자면 자전거의 속도나 운행의 편리함보다는 얼마나 많은 물건을 넣을 수 있느냐가 관건일 것이다. 그 결과 이런 재미난 형태의 자전거가 나오게 된 것이다.

자전거를 들여다보면 깡깡이마을의 역사와 거리 풍경을 단숨에 이해할 수 있다. 여전히 아날로그 방식이 통용되는 곳. 또 그러한 감성을 느낄 수 있는 곳이 바로 깡깡이마을이다. 무엇보다 대평동 사람들과 자전거는 단단하고 야무진 게 매우 닮은 구석이 있다. 특히 기름때와 페인트가 여기저기 묻은 자전거는 우리 기술자 분들의 작업복을 보는 것 같다. 겉모습에 신경 쓰기보다 가족에 대한 책임감이나 개인의 보람, 성취를 위해 하루하루 최선을 다하는 깡깡이마을 사람들. 그런 단단함과 강인함이 너무나 아름답고 멋지다.

“ 사랑을 싣고 달리는
깡깡이마을의 자전거 ”

“ 깡깡이마을의 자전거가 영원히 달리길...
도로 위에 자전거 바퀴의 궤적이 오래 새겨질수록
깡깡이마을이 건강하다는 뜻일 테니 말이다. ”

작업복을 기억하는 법

글·사진/ **전재현**

부산 라이프스타일 웹매거진 WAESANO에서 글을 썼고, 길거리에서 사진을 찍었고, 전국대학생 패션연합 O.F.F. 부산경남지부 지부장의 감투를 쓰고 있습니다. 언젠가 영향력 있는 사람이 되겠다, 생각하고 있습니다.

우리는 어떤 대상을 감각과 관련된 단어와 자주 연관 짓곤 한다. 고양이를 야옹이라 부르고, 강아지를 멍멍이라 부르는 것처럼. 대평동에도 소리와 연관된 깡깡이마을이라는 별칭이 있다. 지금이야 그라인더 소리에 묻혀 잘 들리지 않지만, 한때는 망치로 선박의 녹슨 부분을 때리는 소리가 대평동을 가득 채우며 청신경을 송곳처럼 파고들던 시절이 있었다. 문득, 만약 대평동을 청각이 아닌 시각으로 기억한다면 어떤 이미지가 남을까?하는 생각이 들었다. 작은 'ㄷ'자 모양의 포구를 빼곡히 메우고 있는 배들? 알록달록한 벽화가 그려진 공장? 조금 더 돌아 들어가면 보이는 큰 배와 조선소? 아니, 아마도 이 모든 곳 사이사이에 자연스럽게 녹아든 남색 작업복들일지도 모른다는 생각이 들었다.

여느 공장단지에서 쉽게 볼 수 있는 작업복이 깡깡이마을과 더 찰떡같이 달라붙는 건, 이곳의 환경 때문인 듯하다. 조선소의 옷, 작업복. 문득 깡깡이소리가 울려 퍼지던 시절에 작업복은 어땠을까. 하는 생각이 스쳤다.

작업복?

앞선 질문에 대한 답을 40년째 대평동에서 작업복을 만들어 온 〈대성 특수복〉 사장님에게서 들을 수 있었다.

"가게를 처음 연 게 76년도예요. 사실 디자인은 그때와 크게 다를 게 없어요. 작업복이라는 것이 예쁜 것보다 작업에 편해야 제일이거든. 그래서 디자인도 작업하기에 가장 효율적인 구조로 되어 있어요. 팔 움직이기 편하게 어깨 부분을 넉넉하게 만들고. 90년대 초반까진 지퍼를 사용하지 않았어요. 단추로 만들어서 앞을 여미려고 하면 시간이 되게 많이 걸리고 번거로운 데다, 장갑이라도 끼고 있으면 단추 잡기조차도 되게 힘들었다고. 일하는데 쉽게 입고 벗어야 하는데 얼마나 걸리적거리겠어요? 그 이후로 단추는 없어지고 지퍼랑 똑딱이 단추로 바뀌었죠. 쓱 올리기만 하면 되니까 얼마나 편해. 이렇게 오로지 효용성만 목표로 디테일이 변한 것 말고는, 큰 변화가 없어요."

소재도 조선소의 작업 환경에 맞게 변했다. 아직 합성섬유가 보편화되기 전, 작업복은 오롯이 면 소재로만 구성되었다. 이론상으론 충분히 좋은 소재였다. 열에 강하고 기름때도 수월하게 빠졌고, 부드러웠고, 이래저래 실용성이 좋았다. 다만 조선소에서 일하는 사람들의 생각은 조금 달랐다. 옷이 땀을 잘 흡수해 쉽게 무거워졌고, 잘 수축하여 틀어지기 일쑤였다. 문제를 해결한 건 비교적 최근으로 테트론, 아크릴과 같은 합성섬유가 나오면서 면과 혼용하여 사용하고 나서다. 작업복에는 합성섬유 중에서도 테트론을 가장 많이 사용한다. 테트론은 마모와 열에 강하며 탄성이 좋다는 장점이 있는데 무엇보다도 면과의 궁합이 좋았다. 면과 테트론의 적절한 배합은, 작업복이 가지고 있던 예의 문제점을 바로 잡고, 일의 효율성을 높였다.

작업복의 변신

최근 작업복은 '워크웨어'라는 이름으로 불리며 2, 30대 층에 인기를 끌고 있다. 작업복이 활동성과 내구성을 중시하기에 편하고 튼튼하다는 것이 인기를 끈 가장 큰 이유지만, 기존 현장에서 입던 펑퍼짐한 작업복의 맵시를 조금 날렵하게 탈바꿈시킨 것도 작업복이 인기를 얻게 된 이유다. 남녀노소 즐겨 입는 데님, 청바지가 그렇고, 흔히 멜빵바지라 알고 있는 오버올이 그렇다. 대평동에서도 종종 볼 수 있는 상하의가 붙어 있는 점프슈트, 커버올 역시 젊은 세대에게 사랑받는 워크웨어다.

이 워크웨어의 인기엔 물리적인 요인 외에도 정신적인 요인도 작용한다.

네브래스카대학의 네이선 파머 교수는 "인간에게는 오래도록 깊이 새겨온 이상들이 있는데, 그중 하나가 열심히 땀 흘려 일하는 것이 도덕적인 것이라 본다"며 잃어버린 땀에 대한 향수가 워크웨어의 유행을 가져왔다고 분석했다. 어느 옷들처럼 워크웨어를 입을

HYUNDAI

때도 단순히 눈에 보이는 심미적인 욕구만을 충족하는 것이 아니라, 어느 정도의 욕망을 내포하고 있다는 것이다. 현금을 과시하는 대신 페라가모 벨트와 롤렉스를 사는 것처럼, 노동에 가치를 십분 이해하는, 그리고 동경하는 마음에서 워크웨어를 산다는 것이다.

어떻게 보면 젊은 세대들이 워크웨어에 열광하는 이유는 앞선 세대들에 대한 감정의 산물인지도 모른다. 당신들은 기름밥 먹고 어렵게 생활한, 자랑할 것 없이 그저 부끄러운 옷일 뿐이라고 말하지만 우리를 지탱하고 있는, 당신들이 땀과 기름에 젖은 작업복으로 만들어 준 발판에 대한 존경과 감사. 그리고 노동에 대한 동경. 워크웨어에는 이런 앞선 세대에 대한 경의들로 가득 차 있다. 그 시절 대평동을 메우던 깡깡이소리처럼.

왜 작업복은 파란색이 많을까?

회사별로 색은 다르긴 하지만, 작업복이라는 단어를 들었을 때 우리는 단번에 파란색을 떠올린다. 왜 그럴까? 청색이 노동자를 상징하게 된 건 작업환경과 연관이 있다. 광산, 건설 등 육체노동이 필요한 곳에선 옷이 쉽게 더러워진다. 어두운 청색은 때가 많이 타지 않을뿐더러 염색비용도 저렴했다. 이러한 이유로 진청색이 작업복에 많이 쓰였고, 당시의 작업복이었던 청바지도 그러한 영향을 받아 탄생하게 됐다.

나,
대평동,
그리고 러시아

글/ **오동건**

대평동에서 3살까지 살았음. 2016년 부산외국어대학교 러시아어과 졸업. 국립 모스크바외국어대학교(2013~2014)와 국립 노보시비르스크대학교(2014~2015) 교환 학생으로 러시아 한국학자들과 교류. 러시아 한국학자 레프 콘체비치와 편저 〈대한민국 지명 사전〉 일부 공동 집필 및 편집.

영도 경찰서 버스 정류장 앞 부광약국 모퉁이를 돌아가면, 내가 3살까지 살았고 초등학교 5학년 때까지 친가가 있었던 대동대교 맨션이 물양장과 함께 보인다. 특유의 바다 냄새와 함께 어린 시절 아련한 기억이 엊그제처럼 선명하게 떠오른다. 한나라 할인마트에서 좋아하던 과자를 고르던 소년은 어느새 '계란 한 판' 나이를 앞두게 되었다. 대평동과 자갈치를 오가던 성공호와 동진호, 꼭 타 보겠다는 마음만 먹으며 바라보기만 했던 충무동 가는 통통배는 먼 바다로 떠났나 보다. 최근에는 깡깡이예술마을로 벽화와 조형물이 생기면서 변화된 마을의 풍경이 기억 속의 풍경과 겹쳐지며, 그 속에서 어린 나와 어른이 된 내가 시간을 뛰어넘어 하나가 된다.

2017년 12월의 어느 날, 대평동과 러시아에 대한 글을 써 달라는 뜻밖의 연락을 받았다. 오래전부터 배를 수리하기 위해 대평동을 찾는 러시아 사람들이 많다고 하는데 우연인지 필연인지 러시아어를 전공하는 대평동 출신인 내게 연락이 온 것이다. 대평동을 천천히 둘러보니 조선소 곳곳에 러시아어로 된 간판과 안내문이 걸려 있고 한창 수리를 하는 커다란 선박의 이름도 러시아어다. 이윽고 러시아 사람을 직접 만나 이곳에서의 생활과 느낌에 관한 이야기를 나눠보고 싶다는 생각이 들었다. 다행히도 지역 조선소인 마스텍중공업의 도움으로 그들과의 만남이 성사될 수 있었다.

1월 15일 월요일, 인터뷰를 위해 조선소로 들어서니 오전 작업을 마치고 이른 점심을 먹은 러시아 사람들이 쉬고 있다. 그 와중에

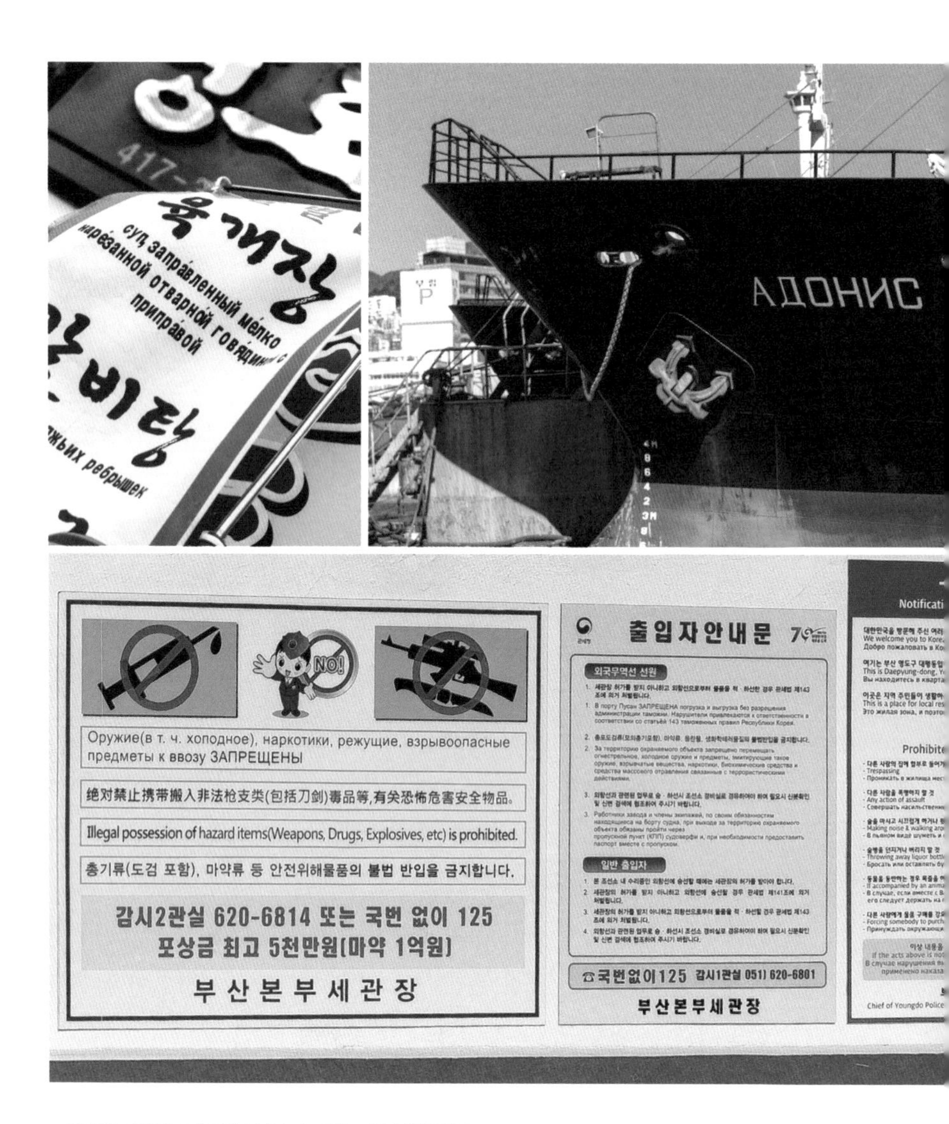

● 대평동 거리 곳곳에서 볼 수 있는 러시아어들

도 노트북 앞에서 업무에 열중하고 있는 분은 블라디보스토크에서 온 데니스 유리예비치 자도로즈니(Денис Юрьевич Задорожный)씨로 그는 부인과 아들을 둔 40세 가장이다. 한국은 멋있고 날씨도 따뜻하며 사람들도 친절해서 좋다고 하면서, 대평동에 있는 식당에도 자주 가는데 매운 음식도 좋다며 '멋진 나라와 멋진 사람들'이라고 했다.

※ 러시아어에서 이름을 이야기할 때, 데니스는 이름이고 유리예비치는 부칭(아버지 이름에 접미사를 붙여 '누구의 아들', '누구의 딸'이라는 뜻을 지님), 자도로즈니는 성이다. 언론에는 주로 '데니스 자도로즈니'처럼 이름과 성 순서로 나오지만 서류에는 '자도로즈니 데니스 유리예비치'처럼 성, 이름, 부칭 순서로 적고, 상대방에게 예의를 갖출 때는 '데니스 유리예비치'처럼 이름과 부칭만 부른다.

환한 웃음이 인상적인 다른 한 분은 볼쇼이카멘에서 온 유리 빅토로비치 드미트리예프(Юрий Викторович Дмитриев)씨로 부인, 학교 다니는 딸, 그리고 아들이 있는 54세 가장이다. 대평동에서는 10년 정도 일하고 있는데 한국이 그저 마음에 든다고 한다. 한국어도 공부하고 있다기에 얼마나 공부하셨는지 묻자 우리말로 '조금조금'이라고 말하며 크게 웃는다. 남색 작업복을 입고 의자에 앉아 쉬고 있던 블라디미르 아나톨리예비치 오노프리옌코(Владимир Анатольевич Оноприенко) 씨는 나홋카에서 왔다. 대평동에 대한 인상과 한국에서의 추억을 묻자 '엄지 척' 모양을 그려보인다. 마을 주민들과 한국인에게 하고 싶은 말이 있느냐 묻자 'Кам самида'라고 적어준다. 소리 나는 대로 읽어보니 '감사미다'였는데 아무래도 '감사합니다'라는 말을 하고 싶었던 모양이다. 감사의 마음이 더욱 진하게 느껴진다. 더 많은 이야기를 나누고 싶었지만 어느새 오후 작업 시간이 되어 다시 찾아와야겠다 마음먹은 뒤 아쉬움을 뒤로 한 채 발길을 돌렸다.

▲데니스 유리예비치 자도로즈니
▶블라디미르 아나톨리예비치 오노프리옌코

1월 22일 월요일, 그들을 다시 만나러 가는 날. 조선소에 도착하자 갑자기 비가 온다. 비를 피해 헐레벌떡 뛰어 사무실에 도착했지만 그들이 보이지 않는다. 마주친 러시아 사람들에게 데니스 자도로즈니, 유리 드미트리예프, 블라디미르 오노프리옌코 씨가 어디 계시는지 물어보자 어제 러시아로 떠났다고 한다. 상상도 못 한 소식에 너무 놀란 나머지 말문이 막혔다. 영영 떠났는지 물어보니 나중에 다시 돌아올 것이라고 한다.

내 눈에 비친 대평동의 러시아 사람은 가족을 위해 거칠고 머나먼 바다를 건너와 묵묵히 일하는 남편이자 아버지였다. 힘든 일 때문인지 그들의 얼굴과 눈빛은 무표정하고 지쳐 보였지만 이번 만남으로 우리나라와 대평동 마을사람들에게 갖고 있던 따뜻한 마음과 고마움을 느낄 수 있었다. 나, 대평동, 러시아, 그리고 그들과의 짧은 만남은 우연이 아니었으리라 생각하며 새로운 추억과 기억을 안고 발길을 돌렸다. 갑자기 만났던 비는 언제 그랬냐는 듯 그치고 햇살이 다시 얼굴을 내밀었다.

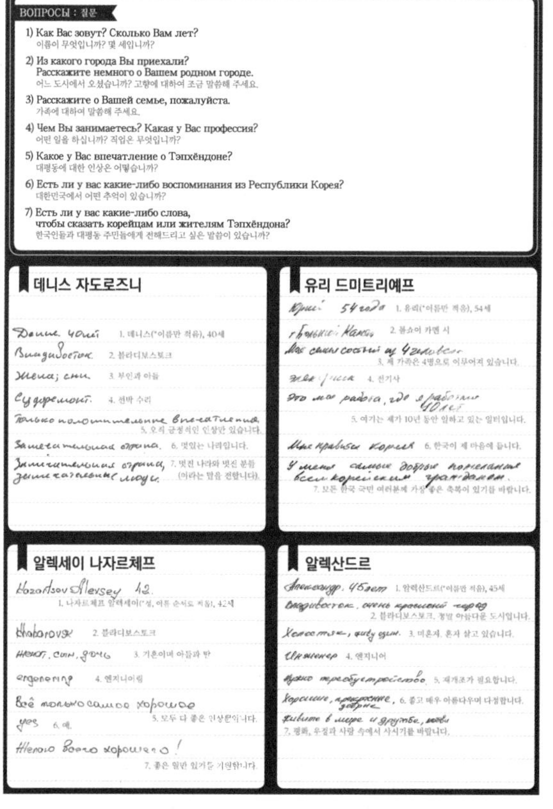

ВОПРОСЫ : 질문

1) Как Вас зовут? Сколько Вам лет?
이름이 무엇입니까? 몇 세입니까?

2) Из какого города Вы приехали?
Расскажите немного о Вашем родном городе.
어느 도시에서 오셨습니까? 고향에 대하여 조금 말씀해 주세요.

3) Расскажите о Вашей семье, пожалуйста.
가족에 대하여 말씀해 주세요.

4) Чем Вы занимаетесь? Какая у Вас профессия?
어떤 일을 하십니까? 직업은 무엇입니까?

5) Какое у Вас впечатление о Тэпхёндоне?
대평동에 대한 인상은 어떻습니까?

6) Есть ли у вас какие-либо воспоминания из Республики Корея?
대한민국에서 어떤 추억이 있습니까?

7) Есть ли у вас какие-либо слова,
чтобы сказать корейцам или жителям Тэпхёндона?
한국인들과 대평동 주민들에게 전해드리고 싶은 말씀이 있습니까?

데니스 자도로즈니

1. 데니스(*이름만 적음), 40세
2. 블라디보스토크
3. 부인과 아들
4. 선박 수리
5. 오직 긍정적인 인상만 있습니다.
6. 멋있는 나라입니다.
7. 멋진 나라와 멋진 분들(이라는 말을 전합니다).

유리 드미트리예프

Юрий 54 года
1. 유리(*이름만 적음), 54세
2. 볼쇼이 카멘 시
3. 제 가족은 4명으로 이루어져 있습니다.
4. 전기사
5. 여기는 제가 10년 동안 일하고 있는 일터입니다.
6. 한국이 제 마음에 듭니다.
7. 모든 한국 국민 여러분께 가장 좋은 축복이 있기를 바랍니다.

알렉세이 나자르체프

Nazartsov Alexsey 42.
1. 나자르체프 알렉세이(*성, 이름 순서로 적음), 42세
Khabarovsk
2. 블라디보스토크
3. 기혼이며 아들과 딸
engineering
4. 엔지니어링
5. 모두 다 좋은 인상뿐입니다.
yes
6. 예.
7. 좋은 일만 있기를 기원합니다.

알렉산드르

1. 알렉산드르(*이름만 적음), 45세
2. 블라디보스토크, 정말 아름다운 도시입니다.
3. 미혼자, 혼자 살고 있습니다.
Инженер
4. 엔지니어
5. 재개조가 필요합니다.
6. 좋고 매우 아름다우며 다정합니다.
7. 평화, 우정과 사랑 속에서 사시기를 바랍니다.

●대평동에 온 러시아 분들과의 사전 설문조사 내용

유리 빅토로비치 드미트리예프

영도,
영화와 만나다

글/ **김필남**

2007년 부산일보 신춘문예 평론 부문 당선 후 글쓰기를 시작했다. 지역에서 여성연구자로 사는 것에 대하여 고민 중이며, 이 고민을 글로 담아내고자 한다. 현재 〈오늘의문예비평〉, 〈영상문화〉 편집위원으로 활동 중이다. 영화평론집 『삼켜져야 할 말들』이 있다.

그날 나는 깡깡이마을 어디쯤에서 길을 잃었다. 마을을 안내해 주기로 한 H에게 몇 번이나 전화가 걸려 왔지만, 나는 내가 서 있는 그곳을 설명할 수 있는 말들을 찾지 못해 한참 동안 서성거렸다. 어디선가 쇳덩이 냄새가 몰려왔다. 저 멀리서 깡깡깡 소리가 들려오는 듯했다. 물양장(소형 선박이 접안하는 부두) 위로 여러 대의 배가 떠있는 모습과 회색 작업복을 걸친 입을 꾹 다문 일꾼들이 보였다, 사라졌다를 반복하고 있었다. 불현듯 내가 영화감독이라면 영도 대평동을 카메라에 담을지도 모르겠다는 생각이 스쳐 지나갔다.

대평동 맞은편에서 본 자갈치시장과 높이 치솟은 빌딩들. 섬이 어디인지 헷갈릴 정도다. 낯선 소리들, 느린 발걸음들, 회색빛 풍경들. 아, 대평동은 다채로운 장소구나. 사실 나는 깡깡이마을을 방문하기 직전까지 영화에서 영도를 어떻게 보여주고 있는지, 어떤 서사 속에서 영도를 다루어 왔는지를 계속해서 생각하고 있었다. 영도를 중심에 놓지 않고, 영도가 등장하는 영화를 수없이 떠올린 것이다. 영화를 중심에 놓고 영도를 생각해서일까. 영도도 영화도 도무지 이야기할 수 없는 그런 어정쩡한 상태가 되고 말았다. 그러니까 대부분 영화들은 시나리오가 나오면 그 역에 맞는 배우를 결정하고 이후 로케이션 장소를 찾아 헤맨다. 아마도 로케이션 매니저는 영화를 가장 잘 전달할 수 있는 장소를 찾기 위해 애쓸 것이다. 이때 로케이션 장소로서의 영도는 그저 사건과 인물을 부각시켜주는 공간밖에 될 수 없게 된다. 그러나 나는 대평동을 걸으며, 영도가 영화를 가능케 하는 장소이자 극장, 공장이라고 감지하기 시작했다.

● 영화 〈영도〉 포스터

손승웅 감독의 〈영도〉(2015)는 영도 일대를 주요 공간으로 설정하고 있는 영화다. 이때 영도는 극악무도한 연쇄 살인사건이 일어나는 우울하고 흉악한 도시로 등장한다. 사실 〈영도〉에 나타나는 모습처럼 대중매체는 영도를 노화하고 음습한 공간으로 자주 노출시키는 것을 알 수 있다. 하지만 감독에게 영도는 단지 영화 서사의 필요성 때문에 설정된 공간은 아닌 듯 보인다. 그에게 영도는 어린 시절을 보낸 유년의 기억이 남아있는 장소이며, 수십 년이 지나도 변하지 않는 낡음과 어둠이 공존하는 기억의 장소로 등장하고 있기 때문이다.

〈영도〉의 주인공 이름은 '영도'(태인호)다. 영도에서 태어나 '영도'가 되었고, 이름의 족쇄 때문인지 영도를 떠나본 적이 없다. 사실 그는 영도와 관련된 모든 것을 버리고 싶다. 하지만 이름도 고향도 쉽게 버릴 수 없다. 영도를 떠나도 3년 안에 다시 영도로 돌아온다는 영도 할매의 그 가혹한 전설 때문일까? '영도'는 언제나 다시 영도로 돌아오기 때문이다. 연쇄살인범의 아들 영도로 돌아오고, 아버지처럼 될까 봐 매일 밤 악몽에 시달리면서도 영도를 배회한다. 마을 사람들에게 온갖 멸시를 당하면서도 영도에 있다. 영화

● 영화 〈영도〉 속 장면

에서 영도라는 장소는 인물의 성격을 창조시키고, 사건을 진행하는 데 있어서 중요한 역할을 한다. 뿐만 아니라 운명의 굴레처럼 영도를 벗어날 수 없다는 저 전설이 영화의 시작부터 함께 있었음을 기억한다면 영도는 단지 영화가 필요에 의해 찾은 장소만은 아니다.

윤종빈 감독의 〈범죄와의 전쟁〉(2011)에서도 영도를 만날 수 있다. 비리 관세 공무원 '익현'(최민식)이 살던 곳이 영도의 관문인 영도대교를 지나 영선동 아래 로타리에서 제2송도길을 따라가면 만날 수 있는 흰여울문화마을이다. 익현은 만삭이 된 여동생과 김서방을 좁은 집에서 맞으면서 자신의 가문이 뼈대 있는 집안이라고 허세를 부리지만, 이후 부산 최대 조직의 젊은 보스 '형배'(하정우)와 손을 잡아 한몫을 챙긴 뒤에 그는 보란 듯이 영도를 떠나고 만다.

이 두 편의 영화는 영도의 독특성을 잘 포착하고 있는 영화에 속한다. 하지만 영화의 인물이나 사건에 부합하는 공간의 의미에 집중하다 보니 영도는 가난하고 오래된 마을이라는 고정적 이미지와 의미가 부여된다. 달리 말해 영도는 사람이 살고 있는 삶의 터전이기 보다는 떠나야 할 곳, 떠나고 싶은 곳, 혹은 쇠락하는 도시의 풍경을 먼저 떠오르게 만든다고 할 수 있다. 그로 인해 나처럼 영도를 영화로 만나는 사람들에게 대평동이나 청학동 일대의 영도는 길을 잃을 정도로 낯선 동네가 되는 것은 아닐까.

전수일 감독의 <영도다리>(2010)는 지금까지 영도를 로케이션 장소로서 보고 있었던 영화와 다른 지점에 서 있는 영화다. 버려진 소녀 '인화'(박하선)는 영도다리 주변의 허름한 방 한 칸을 빌어 살고 있다. 말도 표정도 없는 인화는 영도의 동네들을 느리게 배회한다. 소녀가 살고 있는 영도는 폐선에 아이가 버려져도, 취객이 소변을 보다 바다에 빠져 허우적거려도, 청소년들의 폭력이 난무해도, 한국전쟁의 상흔에 고통받는 늙은이들이 아파해도 그 누구도 뒤돌아보지 않는 공간이다. 무기력하고 희망 없는 이들에 대한 돌봄도 보살핌도 발견할 수 없는 세계가 바로 영도다. 물론 이 폭력은 영도다리를 건너가도 끝나지 않는다. 철창, 그물, 녹슨 배들은 인화를 옴짝달싹하지 못하게 가둬두고 있기 때문이다. 하지만 희망 한 자락 가질 수 없는 인화를 품어주는 유일한 곳이 영도 대평동(大平洞)이라는 사실은 상기할만하다.

실제 대평동은 어선들이 들어와 바람을 기다리거나 피하던 포구라 하여 대풍포(待風浦)라 불렀다. 이곳은 이방인의 공간이었다. 일제강점기에는 강제적 근대화가 이루어졌고, 일제의 수탈 때문에 밀려난 사람들이 몰렸던 마을이기도 하다. 한국전쟁 때는 갈 곳이 없는 사람들이 전국 팔도에서 몰려오기도 했다. 산업화시대에는 원양어선을 타거나 바다와 관련한 일자리를 구하기 위해 제주나 전라의 바다 사람들이 찾아와 마을을 만들었고, 현재는 러시아 선원 등 외국 선박이 자주 오고 가면서 이주노동자들이 모여들고 있다.

● 영화 〈영도다리〉 속 장면

전수일 감독은 모진 바람을 피할 수 있었던 대평동 마을의 유래를 알고 있었던 것일까? 삶이 고단한 인화에게 대평동이나 영도대교는 고통의 장소이면서 동시에 유일한 안식처를 제공한다. 인화의 삶에 바람을 일으켜 삶을 위태롭게 만들지만 역설적이게도 희망을 가질 수 있는 곳 또한 영도 대평동(녹슨 배, 항구 등)인 것이다. 감독은 영도를 먼저 로케이티드하고, 그 이후 영화 〈영도다리〉의 서사를 채워나가고 있는 것 같다. 달리 말해 영화는 로케이션 장소로서의 영도를 탈피하고, 영도 자체가 영화를 가능케 한 것처럼 보인다.

● 영화 〈그럼에도 불구하고〉 포스터

최근 개봉한 김영조 감독의 〈그럼에도 불구하고〉(2017)는 앞서 언급한 극영화들과 달리 다큐멘터리 형식의 영화다. 영화는 영도다리 밑 점바치 골목의 할머니, 물질을 멈추지 않은 노년의 청각장애 해녀 등 영도 일대에서 거주하고 있는 사람들을 중심으로 진행되고 있다. 여기서 영화는 영도에서 오래 살고 있는 사람들을 중심에 두면서도 놓치지 않고 있는 부분이 있다. 영도는 도대체 어떤 공간인가를 끊임없이 묻고 보여준다. 실제로 〈그럼에도 불구하고〉는 영도가 아니었다면 제작이 불가능한 영화이기도 하다.

감독이 영화에서 영도를 바라보는 시각은 흥미롭다. 영화의 주인공 중 한 명인 권민기 씨는 영도 대평동에 위치하고 있는 규모가

● 영화 〈그럼에도 불구하고〉 속 장면

큰 조선소에서 비정규직 용접공으로 일을 하고 있다. 대평동에는 어선들이 정박하는 부두가 있어서 엔진 등 부품들을 제작하거나 수리하는 업체, 조선 수리업체들이 많기에 권민기 씨 같은 선박 기술자들을 만나는 일은 아주 쉬운 일이다. 물론 대평동뿐만 아니라 영도에는 크고 작은 조선소들이 많았다. 김정근 감독의 〈그림자들의 섬〉(2016)의 경우도 영도에 위치한 한진중공업 노동자들의 치열하고 거칠었던 그들의 노동 현장을 다큐멘터리로 조명한 바 있다. 하지만 영도에 있었던 조선소들은 시대의 변화에 따라 문을 닫거나(STX조선), 노동자들을 해고하며 사측과 격렬한 투쟁이 이어지는 곳(한진중공업)으로 기억되면서, 역사 속으로 사라지는 느낌이다.

조선소에서 근무하는 기술자들은 숙련된 솜씨로 곧 출항할 배의 전체를 꼼꼼히 살핀다. 거대한 배의 여기저기를 돌보는 그들은 진수식(배를 처음 물에 띄우기 전에 하는 의식)을 치르고 나면 일자리를 잃게 된다. 그리고 기어코 주황색 거대한 배는 물살을 가르며 출항한다. 그쯤 아이러니하게도 영도대교 복원 개통식(2013년)이 열린다. 그런데 영도다리가 위상 높게 고개를 쳐드는 역사적인 장면에서 감독은 영도다리가 아니라 영도다리 밑에 살고 있는 할매들, 조선소 노동자, 영도에서 물질을 하는 해녀를 비춘다. 하지만 그 누구도 그들이 영도에 있음을 눈치채지 못한다. 화려하고 웅장한 영도다리에 관심을 보이는 이들에게는 새로운 영도다리에 걸맞은 정돈된 경치(풍광)가 절실하기 때문이다.

이제 조선소의 기술자들도, 영도다리를 밑을 떠나 살아본 적 없는 할매도 모두 영도를 떠나야 한다. 개발이니 정치니, 영도의 기억을 미화한다는 논의는 차치하고 영화를 보자. 김영조 감독은 영도와 함께 삶을 지속했던 사람들의 이야기를 담고 있다. 그들은 떠나야 하지만 분노나 슬픔을 표출하지는 않는다. 용접공은 일자리를 잃게 되지만 색소폰을 배워 배 위에서 멋지게 불어보지 못해 아쉽다고 말할 뿐이다. 마지막 근무는 어제와 다르지 않다. 지금까지 많은 영화가 영도를 담아왔다. 그러나 〈그럼에도 불구하고〉는 영도가 뿜어내는 소리, 역사, 사람들이라는 다채로움을 주목하지 않는다. 영도 그 자체가 '하나의 극장'이 될 수 있음을 시사하고 있다.

부산에서 로케이션된 영화들이나 드라마 등을 보면 영도의 동네들은 매력적인 공간으로 등장한다. 영도대교 교각 사이로 보이는 용두산공원과 자갈치 시장의 소란스러움, 깡깡이길 입구에 있는 공장들의 분주함, 포구에 정박한 선박들의 이국적인 풍경까지 아마도 영화는 이곳의 다채로움을 쉽게 지나치지 못할 것이다. 하지만 그 풍경에 발이 묶여 영화 속에 담는다면 도시는 단지 그림으로만 존재할지도 모른다. 거기 어떤 이야기가 있는지를 놓치게 되고, 그저 그림 속 풍광으로만 남겨질지 모른다. 나는 지금껏 부산영화에 대해 많은 이야기를 해왔다. 하지만 내가 본 영화들 중에 공간과 어울리는 영화가 몇 편이나 있었던가를 대평동을 걸으며 생각해본다. 오래된 이 마을이 단지 하나의 풍경으로 남지 않기를 바라며.

숫자로 보는 깡깡이마을

1 깡깡이마을은 대한민국 조선산업 일번지다.

● 1924년 다나카 조선철공소 사진 ⓒ 부경근대사료연구소

구한말 시기, 일본 어민들은 조선의 황금어장을 잠식하기 위해 부산으로 건너오기 시작했는데 특히 일본인들은 풍랑을 피하기 적합했던 대풍포(깡깡이마을의 옛 이름)를 어선을 수리하고 식수를 공급 받는 포구로 이용한다. 그러던 중 1887년 고베 출신 일본인 조선사업자인 '다나카 와카지로(田中若次郎)'는 자갈치 해안에서 목선 제조업을 시작하였고 그의 아들 다나카 키요시(田中淸)가 1912년에 목선을 만드는 '다나카 조선소'를 현 우리조선(주) 자리에 설립한다. 다나카 조선소는 바람이나 증기가 아닌 발동기(엔진)로 동력을 얻는 목선을 최초로 개발하고 보급한 대한민국 근대 조선산업의 발상지이다.

2 깡깡이마을은 1970~80년대 부산에서 두 번째로 세금을 많이 낸 곳이다.

깡깡이마을은 1970년대 초반 불어 닥친 '원양어업 붐'과 함께 전성기를 맞이한다. 수리를 위해 대평동으로 찾아오던 원양어선의 수가 하루에도 수백 척 이상이었고 기항지에 잠시 내린 원양선원들로 마을 안은 시끌벅적했다. 선원들의 휴식공간이었던 다방만 서른 군데에 달했다. 당시 상황을 일컬어 "대평동은 부산에서 두 번째로 세금을 많이 내던 곳이었다"는 말이 있었을 만큼 경기가 좋았다. 그 시절 수리조선소를 중심으로 각종 철공소, 선구점, 전기업체, 부품상 등 선박 건조와 수리에 필요한 모든 시설을 갖춰가던 깡깡이마을은 '한국 최고의 선박수리기술'을 자랑하는 지역으로 성장하게 된다.

● 1975년 대형 강선을 수리하며 전성기를 누린 조양조선공업(주) ⓒ JY조선(주)

3 대평동은 다른 이름이 세 개 있다.

대평동의 본래 명칭은 '풍발포(風發浦)'였다. 영도구의 중심축이자 영험한 기운을 자랑하는 봉래산의 지맥이 힘차게 뻗어 깡깡이마을에까지 그 기운이 달했는데, 그 모습이 '바람이 이는 것처럼 기운찬 모습'이었다고 하여 붙여진 이름이다. 일제강점기에는 '대풍포(待風浦)'라는 이름으로 불렸다. 깡깡이마을은 예나 지금이나 포구를 가지고 있는데 '기다리다, 대비하다'라는 뜻의 한자 '대(待)'자와 바람 '풍(風)'자를 써 '바람을 기다리는, 또는 대비하는 포구'라는 의미에서 대풍포라 불렸다. 해방 이후 일제식 동명을 정리하면서 '대평동'이라는 이름으로 바뀌게 되는데 풍랑이 없이 크게 평안하길 빈다는 의미에서 붙여진 이름이다.

● 1905년 중구에서 바라본 대풍포 모습 ⓒ 부경근대사료연구소

4 원래 깡깡이마을은 사면이 바다로 둘러싸인 섬이었다.

오랜 옛날 깡깡이마을의 지형은 낚싯바늘 모양의 모래톱으로 거의 섬에 가까운 형태였다. 점차 육지와 모래톱 사이에 퇴적물이 쌓여 연결되면서 돌출된 반도 형태의 땅이 되었고 모래톱 안쪽이 잔잔한 호안이다 보니 포구로 이용되었다. 깡깡이마을이 현재의 해안선과 가까운 형태를 갖추게 된 것은 일제강점기인 1916년부터 10년간 이뤄진 '대풍포매축공사'로 인해서다. 이 공사로 40,200평의 땅이 생기게 되면서 대풍포에는 일본인 주택가와 유흥가가 생겼으며, 해안에는 담 하나를 사이에 두고 일본 조선소들이 우후죽순처럼 들어서게 된다.

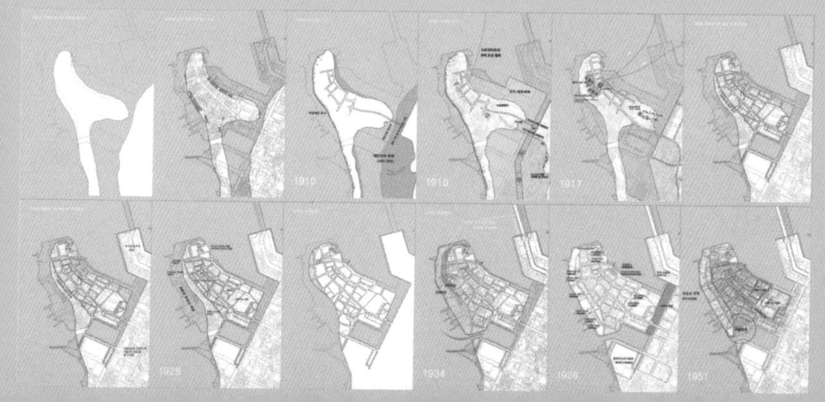

● 매축으로 인한 대평동 지형 변화 ⓒ 부산대학교 정재훈 교수

5 깡깡이마을은 오징어가 풍년인 포구였다.

일제강점기에 영도는 "물 반, 고기 반"이라 불리던 부산의 주요 어장이었다. 특히 오징어와 갈치가 많이 잡혔다고 하는데 그 중에서도 오징어잡이 배의 대부분이 대평동 물양장으로 들어왔다. 현재 마을에는 두 군데의 물양장이 있는데 현 남항국제선용품유통센터가 있는 물양장을 마을 사람들은 예부터 '이까선창'이라 불렀다. '이까'는 일본어로 '오징어'를 뜻하는데 그만큼 대평동으로 들어오는 오징어가 많았던 것이다. 한일어업협정으로 선박 수가 줄어들면서 차츰 오징어는 자취를 감추게 되었지만 이까선창이라는 이름만은 남아 그때 그 시절을 기억하게 해준다.

6 깡깡이마을은 6·25 때 피난민들이 살았던 이북동네가 있다.

한국전쟁 시기 대한민국 인구 삼분의 일이 부산으로 피난을 왔다. 피난민 중에는 이북 출신도 많았다고 하는데 대평동에는 함경도에서 온 피난민들이 모여 살아 '이북동네'라 불리는 곳이 있다.

이북동네에는 일명 '기찻집'이라 불리는 가로로 기다란 형태의 판잣집들이 여러 채 남아있는데 이 집은 한 지붕 아래 여러 개의 방이 있는 구조다. 지금까지 남아있는 독특한 가옥 구조와 몇몇 주민 분들의 이야기만이 한국전쟁의 아픔과 당시 피난민들의 삶의 애환을 떠올릴 수 있게 해준다.

7 깡깡이마을에는 칠전팔기의 깡깡이 아지매들이 있다.

© 국제신문

1960년대 후반부터 마을의 수리조선소에서는 배 표면에 붙은 녹이나 해조류 등을 망치로 떼어내는 작업을 했는데 그러한 일을 하던 여성들을 '깡깡이 아지매'라 불렀다. 높은 배에 매달려 작업해야 하는데다 작업 중 발생하는 소음과 진동, 먼지가 상당해 난청, 이명, 관절염 같은 직업병이 생길 정도로 고된 일에 속하는데, 깡깡이마을의 중년 여인들이 가족을 부양하거나 자식을 공부시키기 위해 이 일에 뛰어들었다고 한다. 한 분야에서 갖은 노력을 아끼지 않았던 깡깡이 아지매 모두는 한국 근대 산업화의 주역이자 깡깡이마을에 전성기를 가져온 주인공임에 틀림없다.

8 80년 완공된 대동대교맨션은 부산 최초의 주공복합아파트이다.

대평동 1가 1번지에 자리 잡고 있는 대동대교맨션은 영도의 근현대사와 함께 한 자리이다. 일제강점기에 미국계 '스탠다드석유회사'가 있었던 자리이고, 한국전쟁 시기에는 미군이 사용하던 자리였으며 휴전 후에는 영도에서 가장 컸다는 '승리창고'가 들어서기도 했다. 그러다 1980년에 대동대교맨션이 완공되는데 이곳은 부산 최초의 주공복합아파트다.

9 과거 대평동에는 9가지 히트상품이 있었다.

일제강점기 대평동에는 주택가와 더불어 생필품들을 만드는 제조업 공장들이 자리 잡는다. 그러다보니 '메이드 인 대평동'이라고 할만 한 다양한 물품들이 생산되기 시작했는데 그 중 가장 유명했던 것 9가지는 다음과 같다.

① 소금

일본인들은 우리나라 해역에서 잡은 생선을 염장 처리하기 위해 영도에 제염공장을 집중적으로 설립했는데 그 중 지금의 대평하나빌 아파트 뒤편에 있던 '허비제염소'가 가장 먼저 설립되었다.

② 성냥

1935년 8월 현 토토볼링장 건물 자리에 부산인촌주식회사라는 성냥 공장이 설립되었는데 당시 부산 사람들은 이 성냥통을 '불통', 성냥개비는 '황개비'라 불렀다고 한다.

③ 생선 통조림

1932년에 현 대평동 간이선착장 자리에 해산물 가공 업체인 '동찬공영조'가 설립되었는데 우리나라 동남해안에서 잡은 생선들을 가공 처리하는 곳이었다.

④ 로프

현 대평동1가 1번지의 대동대교맨션 자리에는 해방 후 만들어진 로프 공장이 있었다고 한다. 선박용 로프를 주로 생산한 곳으로 품질이 우수해 전국에서 가장 유명했다고 한다.

⑤ 솥

해방 이후 현재 대동아파트 자리에 '쌍화주물'이라는 이름의 솥 공장이 있었다. 이 자리에서 만든 솥으로 전 국민이 밥을 해먹었다는 말이 있을 정도로 많은 양의 솥을 생산했던 곳이다.

⑥ 레코드 영도는 한국에서 최초로 레코드를 발매한 곳으로 황해도 출신 작사가 야인초(본명 김봉철)가 1946년 부산 영도구 대평동에 코로나 레코드사를 설립했다.

⑦ 간장 일제강점기, 현재의 대평동 마을버스 종점 부근에 간장 공장이 있었다고 전해지는데 대평동에서 생산하는 간장은 영도구와 중구, 동구, 서구에서 소비되었다고 한다.

⑧ 술 일제강점기, 현재의 대평동 마을버스 종점 부근에 술을 만드는 주정공장(양조장)이 있었다고 한다.

⑨ 석유 현 대평동1가 1번지의 대동대교맨션 자리에는 1909년경에 만들어진 미국계 스탠다드석유회사가 있었다고 한다.

(참고_배연한, 부산 영도의 도시경관 변천 : 문화경관적 관점, 박사논문, 2015)

10 깡깡이마을에서는 열군데만 거치면 잠수함도 만들 수 있다.

대평동은 수리조선소를 중심으로 기관 및 부품공장, 선박 전기 공장, 부속 가게 등 선박 수리에 필요한 모든 업체들이 한데 모여 있는 곳이다. 그래서 대평동에 오면 '못 고치는 배도, 못 만드는 부품도 없다'는 이야기가 예부터 지금까지 통용되고 있다.

숫자로 보는 깡깡이마을

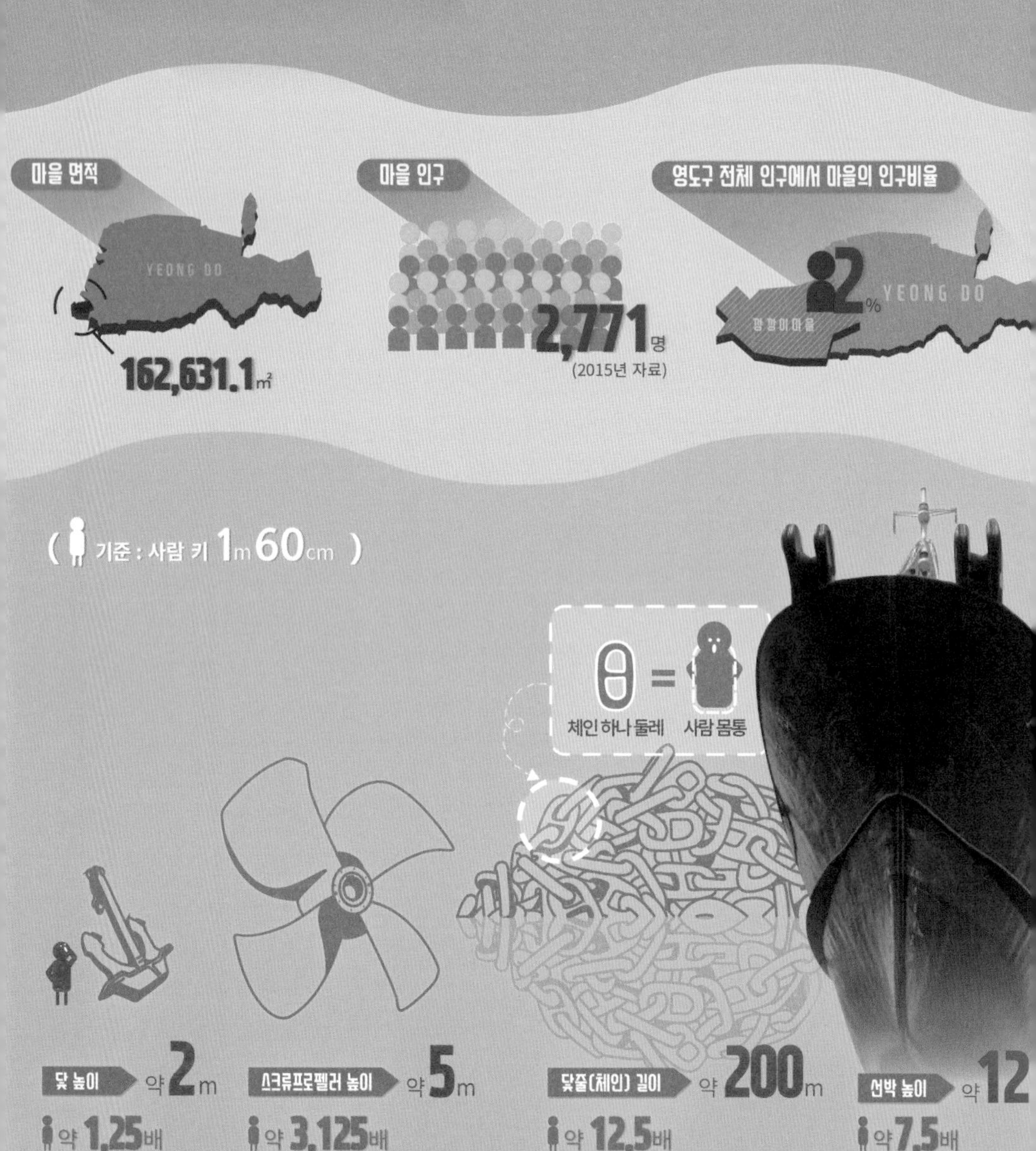

마을 면적
YEONG DO
162,631.1㎡
마을 인구
2,771명
(2015년 자료)
영도구 전체 인구에서 마을의 인구비율
2%
YEONG DO
깡깡이마을
(기준 : 사람 키 1m 60cm)
체인 하나 둘레
=
사람 몸통
닻 높이 약 2m
약 1.25배
스크류프로펠러 높이 약 5m
약 3.125배
닻줄(체인) 길이 약 200m
약 12.5배
선박 높이 약 12
약 7.5배

대평동마을회의 역사

글/ **김동진**
자문/ **이집윤** 전 대평동장, **박대수** 전 대평마을회장, **이영완** 현 대평마을회 회장, **박영오** 현 대평마을회 부회장, **박기영** 현 대평마을회 총무, 그 외 마을 주민분들

●구 대평동마을회관, 대평유치원 전경

대평동마을회의 역사는 마을 소유인 땅을 갖게 된 1955년으로 거슬러 올라갑니다. 1955년 10월 31일 당시 동장인 허덕영 씨의 주도로 관재청장과 토지매매계약을 체결하고, 마을 유지 분들을 설득·호소를 하여 찬조금을 받아 당시 자치운영회 간사인 김영환 씨와 협력하여 1963년 10월 30일 매매 대금 지급을 완료하였습니다. 그 공간이 바로 해방 후 남겨진 서본원사(西本願寺) 부지로, 일제가 남긴 땅을 대평동 명의로 불하를 받은 것입니다. 그러던 1980년, 불하받았던 땅이 마을회 명의로 등기가 되어있지 않았던 것을 80년

11월 당시 동장이었던 이집윤 현 대평동 노인회장님께서 국세청장으로부터 매도증서를 교부받아 1981년 1월 16일 동개발위원 및 통·반장 100여 명의 주민총회를 개최하여 공동재산 등기를 위한 규약을 제정하고, 마을회 재산권에 대한 이의 유무를 공고하고 의견수렴절차를 거친 뒤 영도구청장의 확인서를 첨부하여 1981년 3월 27일 부산지방법원에 대평동민 공동명의로 등기를 완료하였습니다.

▲ 마을공동재산관리정관 표지 (이집윤 대평동 노인회장님 제공)
▶ 대평동마을회 현판식

이후 마을공동재산이 밑바탕이 되어 대평동마을회에서는 주민복지와 대민봉사를 위한 활동들을 활발하게 펼쳐 나갔습니다. 복조리 장사, 일일 다방운영으로 기금을 조성해 대평초등학교에 장학금을 기부하고, 대평동 부녀회를 중심으로 불우이웃돕기대바자회를 열기도 했습니다. 이미 1962년 마을부지에 목조로 만든 시장건물이 있었는데, 1988년에 당시 박대수 전 대평동마을회장의 주도로 시장을 개축하여 그 결과 점포 13곳이 20여 곳으로 늘어나 마을 재정이 증가하기도 했습니다. 그 재정으로 각 가정에 문패를 만들어주고 주민등록등초본을 무료로 발급해주는가 하면 주소록과 전화번호책을 발간하고 구 대평동사 2층에 공부방을 조성하는 등 대평동마을회에서는 마을공동재산을 밑거름으로 주민 복지 수준을 향상시키는데 큰 힘을 쏟았습니다.

1990년대는 대평동마을회의 활동과 마을 주민들의 호응이 가장 왕성한 시기였습니다. 1992년부터 1995년까지 대평초등학교 운동장에서 동민체육대회를 연례행사로 개최하였는데 매번 1천 명이 넘는 주민들이 참여해 친목을 다졌습니다. 매년 정월 대보름이 되면 사물놀이패와 대평동 주민이 한마음이 되어 마을에 복운이 있길 기원하는 길놀이를 하기도 했습니다. 이런 대규모 마을활동은 IMF가 불어 닥친 1997년부터 조금씩 사라지게 되었습니다.

60여 년이라는 세월이 흐르는 동안, 몇 장의 글로 요약할 수 없는 많은 변화와 사건들이 있었습니다. 그 세월 동안 대평동마을회에서는 끊임없이 마을의 발전과 화합을 위한 방법을 고민하고 실행에 옮겨왔습니다. 특정 누군가에게 이익이 돌아가는 것보다 마을 전체에 이로울 수 있도록 이끌어 온 선대 개발위원회원 및 마을운영위원분들이 있어 대평동마을회는 오늘날까지 그 명맥을 유지하며 주민과 함께 걸어올 수 있었습니다. 마을을 위해 고민하고 헌신한 분들의 뜻을 기억해야 할 것입니다. 그리고 무엇보다 마을 대소사에 의견을 보태고 함께 봉사를 통해 성원과 헌신을 보내준 마을 주민분들 또한 오늘의 대평동마을회를 있게 한 '일등 공신'일 것입니다.

• 2018년 대평동마을회 총회

▲ 1983년 불우이웃돕기 대바자회 (이집윤 대평동 노인회장님 제공)
▼ 1992년 제1회 대평동민체육대회 (박대수 대평동 전 마을회장님 제공)

'나만의 이야기'가 있는 마을 속 장소

나만의 힐링 장소, 선진엔텍 앞 바닷가

김동진 해설사

"저는 1979년 12월 23일에 대평동으로 이사를 왔습니다. 그때 선진엔텍 앞 바닷가에서 수영도 하고 조개도 잡고 했어요. 지금도 마음이 무거울 때마다 자전차를 타고 찾아가는 곳입니다.

마음을 내려놓고 바닷물 위에 근심과 걱정 올려놓으면 두둥실 떠내려가지요. 밤에는 자갈치 쪽 네온싸인 불빛이 바닷물에 내려앉아 물결 따라 춤추며 꿈과 사랑도 싣고 흘러가더이다."

글/ 마을해설사 동아리

추억의 옛 영도 도선장

박분란 해설사

"제가 어릴 적 가장 좋아했던 곳은 통선 타는 곳입니다. 할머니를 뵈러 가거나 친구 집이나 시내에 나갈 때는 버스보다 통선이 더 빨랐어요. 배 위에서 시원한 바닷바람 맞으며 갈매기를 바라보곤 했습니다. 지금은 낡은 잔교만이 남아있지만 한 번이라도 통선을 타본 분이 있다면 여기는 꼭 다시 와보시면 좋을 거예요. 옛 생각이 새록새록 날겁니다."

대평동을 휩쓴 화마(火魔)와 좁은 골목길

김성호 해설사

"내가 중학교 2학년쯤이니까 51년 겨울이었는데 지금 대평동 2가에 있는 바이칼조선소 앞 좁은 골목 안에 있던 판자촌에서 불이 나가지고 대평동 반쪽이 몽땅 다 타버렸어요. 우리 집도 근방에 있었는데 그때 몽땅 다 타버렸어요. 재가 눈이 오듯이 와작와작 내렸지요. 예나 지금이나 대평동에는 골목이 많아요. 가장 대평동다운 곳이 골목이죠. 지금도 그 골목에 가면 힘들게 살았던 시절, 어려웠어도 서로 도와서 살아가던 시절이 생각납니다."

이까선창과 오징어

강장수 해설사

"이까선창에 오징어 배가 참 많았는데 오징어 배나 멸치잡이 배가 와서 그물을 털던 곳입니다. 어릴 때는 아버지가 배를 하셨는데 배가 잘 안 될 때는 경희목재 앞 귀퉁이 땅을 돈 주고 빌려서 오징어를 말렸어요. 오징어를 널어놓으면 그걸 가져가는 도둑이 그렇게 많았는데 어머니가 호롱불을 켜고 밤마다 지켰습니다. 어떤 날은 도둑들이 가마니를 가져와서 오징어를 두 가마니나 담아 가버렸는데 그때 어머니는 우리보다 더 어려운 사람이 가져갔나보다 하며 마음을 달래셨어요. 이까선창은 내 아버지와 어머니에 대한 기억이 있는 곳입니다."

마을 주민이 힘을 보태 만든 쌈지공원

신을임 해설사

"예전에는 사람이 살지 않는 집이 세 채나 있었어요. 워낙 집들이 다닥다닥 붙어있어서 혹시 사람이 없는 집에 담뱃불이라도 던져서 불이나 나지 않을까 주변에 살던 분들이 노심초사 하셨다고 해요. 그런 곳이 지금은 마을에서 유일한 공원이 되었습니다. 예술가 분들이 작품으로 만든 곳이기도 하지만 마을 분들이 함께 칠도 하고, 나무와 꽃도 가꾼 곳이라서 참 의미가 있는 곳입니다. 저는 아파트에 사는데 가끔 거길 가면 푸릇푸릇한 기운이 있어서 기분이 좋아져요."

카툰 〈출근〉

글·그림/ **이혜미**
강강이예술마을사업단

지금 내리실 곳은 남포역, 남포역입니다.

왔나~
출근이네
라면
정식
안녕
하세요~
이혜

안녕하세요.

안녕히계세요.

주말 잘 보내세요.

무관심이 당연해져버린 사회에서

그동안 잊고 살아온

따뜻한 인사말들의 온기를

다시금 깨닫게 해주신

골목시장 어르신들과 마을어르신들께

이 그림을 바칩니다.

● 대평동 골목시장

깡깡이 생활문화센터를 소개합니다.

깡깡이예술마을 생활문화센터 개관

2016년 깡깡이예술마을 조성사업이 본격적으로 시작되면서 주민 커뮤니티 활동을 위한 공간이 필요해졌고, 생활문화센터 조성사업에 지원·선정되면서 기존의 깡깡이예술마을사업과 연계하여 공간을 조성했다.

깡깡이 생활문화센터는 크게 두 개의 동으로 구성되어 있는데 2017년 4월에 조성된 공간은 구)대평동 동사무소 건물을 리모델링한 것으로, 그중 2층을 마을동아리 연습실과 깡깡이예술마을 사업단의 사무 공간으로 사용하고 있다. 마을동아리 연습실은 깡깡이예술마을에서 진행한 마을해설사, 마을정원사, 댄스, 시화, 마을신문, 마을다방 운영 동아리의 교육 및 활동 공간으로 활발하게 이용되고 있으며, 사업단의 사무 공간은 주민 및 방문객을 맞이하고 다양한 정보를 교류하는 곳으로 활용하고 있다. 2018년 3월 개관하는 깡깡이 생활문화센터는 이전까지 구)대평유치원과 대평동마을회관으로 사용되었던 건물[1]로, 약 8개월간의 리모델링 공사를 거쳤다. 이 건물의 1층은 대평동마을회에서 직접 운영하는 대평마을다방과 공동체부엌, 2층은 깡깡이 마을박물관과 대평동마을회 사무실, 체력단련실로 구성되어 있다.

---

1. 이 건물 일대는 일제강점기에 '서본원사(西本願寺, 니시혼간지)'라는 일본식 절이 있던 자리였다. 해방 후 목조였던 건물을 부수고 시멘트로 재건축했다고 전해지며 한국전쟁 당시에는 피난민들의 임시 피난처 역할을 하기도 했다고 한다. 이 건물은 2016년까지 대평유치원과 대평동마을회관으로 이용되었다.

▲건물 외관
▼다방 내부

건물 공사 전인 2017년 5월에는 대평동에서 수집한 옛 사진과 수집품, 오래된 사진 속 장소에 가서 당시의 모습을 재현해 본 사진들을 가지고 작은 사진전을 열기도 했다.

*깡깡이 생활문화센터 운영시간 평일 오전 10:00 ~ 오후 6:00

주민들이 운영하는 마을다방, 공동체부엌

대평마을다방과 공동체부엌은 마을 공동체 조직인 대평동 마을회의 활성화와 주민 복지 및 생활 환경 개선을 위해 필요한 공동기금 마련을 위해 마을회에서 직접 운영하는 공간이다. 그중에서도 대평마을다방은 마을 주민 세 분이 운영하게 되는데, 이들 모두 깡깡이예술마을에서 마련한 마을카페 준비 동아리를 통해 직접 바리스타 자격증을 따고, 타 지역을 탐방하는 등 6개월간의 치열한 과정을 거쳤다. 깡깡이마을의 중심부에 위치한 이 다방은 어디서나 접근이 쉬울 뿐만 아니라 오래된 다방을 제외하고 마땅히 쉴 곳이 없는 이 지역에서 새로운 쉼터 역할을 할 것으로 기대된다. 카페 내부에는 15개의 테이블과 60명 정도의 좌석이 마련되어 있는데 강연이나 공연 등 다양한 행사가 가능한 다목적공간으로 조성되어 있다. 또한 깡깡이예술마을 사업을 통해 제작된 다양한 기념품, 책, 지도 등을 판매하는 기념품 코너까지 마련되어 있다. 특히 다방 벽면에는 바다와 배가 있는 깡깡이마을의 풍경을 강렬한 색상의 천(패브릭)을 활용해 표현한 윤필남 작가의 대형 작품이 자리 잡고 있어 공간에 따뜻함을 더해준다.

*대평마을다방 운영시간 평일, 주말 오전 11:00 ~ 오후 8:00

깡깡이마을의 역사, 산업, 생활사가 녹아 있는 마을박물관

깡깡이마을은 항구도시 부산의 원형을 고스란히 간직하고 있는 곳으로, 현재까지 여덟 개의 수리조선소와 260여 개에 달하는 공업사와 부품 업체들이 밀집해있다. 대평동의 조선산업은 100여 년 전부터 시작되었으며 1960년대 후반부터 강선(鋼船)이 들어오기 시작하면서 수리조선업이 발달하게 된다. 당시 녹슨 선박의 표면을 벗겨내기 위해 대평동의 중년 여성들이 망치로 뱃전을 두드렸는데 그때 나던 '깡깡 소리'에서 유래해 '깡깡이마을'이라는 별칭으로 지금까지 불릴 만큼 오랜 역사와 많은 이야기들이 있는 곳이다. 그렇게 오랜 시간을 거쳐 오며 축적된 대평동 수리조선업에 얽힌 다양한 이야기와 주민 생활사 등을 유물, 영상, 사진, 글, 예술작품, 등 다양한 매체와 방식을 통해 대내외적으로 보여주는 공간이 바로 마을박물관이다. 이 박물관은 깡깡이예술마을 마을박물관 프로젝트를 통해 연구, 조사, 수집된 자료를 바탕으로 마련되었으며, 다양한 자료들을 보고, 듣고, 체험해 볼 수 있도록 조성하였다.

*마을박물관 운영시간 평일, 주말 오전 10:00 ~ 오후 6:00

마을동아리를 소개합니다

2017년 3월부터 마을동아리 연습실에서 마을 주민들이 간식을 나누며 이야기를 듣고, 나누고, 서로의 안부를 묻는 일들이 생겨났다. 이들은 함께 마을의 역사를 공부하고, 마을신문을 만들고, 시를 쓰고, 춤을 추고, 손에 흙을 묻히며 마을의 정원을 가꾼다. 깡깡이예술마을 주민들은 '마을동아리'라는 이름 앞에 나란히 모였다.

우리 마을은 우리가 소개한다! - 마을해설사 동아리

깡깡이예술마을이 점점 사람들의 관심을 받게 되자 마을에 오는 방문객들에게 생생한 마을의 이야기를 들려줄 마을해설사가 필요하게 되었다. 그렇게 2017년 3월부터 마을해설사 동아리 양성교육과정이 시작되었고 마을을 아끼는 마음이 남다른 분들이 속속 해설사 동아리라는 울타리 안으로 모여들었다.

마을을 대표하는 마을해설사가 되기란 쉬운 일이 아니었다. 공정여행사 핑크로더의 진행 아래 마을해설사의 역할을 공부하고 함께 마을이야기를 발굴하는 10주간의 기초교육 과정을 거친 뒤 또다시 안전, 발성교육 등으로 구성된 10주간의 심화교육 과정까지 거쳤으며 두 과정을 성실히 이수한 분들 중에서도 추가 현장 실습과 공부 모임에 꾸준히 참여한 여섯 명만이 깡깡이 마을해설사라는 이름으로 남게 되었다.

지금은 30~40명의 단체방문객 앞에서도 막힘없이 척척 해설을 할 정도로 성장했으며 매월 열리는 정기투어 해설도 도맡아 하고 있다. 공식 모임으로는 한 달에 한 번 정기 월례회 가지고 있으며 그 외의 시간에도 틈틈이 만나 마을의 새로운 소식들을 공유하고 있다.

● 마을해설사 동아리

'만사'가 '대평'할 때까지 - 마을신문 동아리

2016년 9월부터 깡깡이예술마을에는 매월 빠짐없이 발간되고 있는 신문이 있다. 〈만사대평〉이라 이름 붙여진 이 신문은 마을에서 일어나는 크고 작은 일들과, 생활상식, 칭찬합시다 등 주민들이 직접 취재하고 써 내려간 글들로 지금까지 꾸준히 발간되고 있다.

'대평동의 모든 일'이라는 뜻과 '모든 일이 다 잘되기를 기원한다'는 의미를 지닌 만사대평은 주민기자들이 매월 편집회의를 거치고 구성 및 아이템을 결정한다. 수리조선소 마을인 대평동의 역사를 기록하고 현재를 알리는 것이 이들의 목표이다. 지난 2017년 12월에는 방송통신위원회 주최로 열린 〈2017마을미디어 축제 - 마을미디어 사례발표회〉에서 우수상을 수상하기도 해 마을신문 동아리의 노력과 열정을 인정받기도 했다.

●마을신문 동아리

초록빛 마을을 꿈꾸며 - 마을정원사 동아리

한성세탁소 옆 골목길로 죽 걸어 들어가면 작고 아담한 쌈지공원이 방긋 고개를 내민다. 기다란 나무 화단과 그 안을 자란 화초, 회양목들이 푸릇함을 뽐내며 햇살을 쬐고 있다.

쌈지공원은 다양한 예술가들과 마을 주민으로 구성된 마을정원사 동아리의 합동 작품이다. 특히 마을정원사 동아리 회원들은 봄부터 겨울까지 매주 모여 가치예술협동조합의 예술가들과 함께 나무 화단을 만들었으며 마을에서 키우기 적합한 수종을 공부해가며 하나하나 자신들의 손으로 정성스럽게 꽃과 나무를 심고 가꾸었다. 정원사 동아리 회원들이 가꾼 이 공간은 마을 주민과 일하시는 분들의 정겨운 쉼터 역할을 하고 있다.

쌈지공원 외에도 깡깡이예술마을 마을정원사 동아리는 마스텍 중공업 인근 골목에 정원을 조성하기도 했으며 대평시장 골목 벽면에 화단을 조성하기도 했다. 녹지가 부족한 깡깡이마을을 초록빛으로 물들이는 마을정원사의 활동이 앞으로도 계속되었으면 한다.

● 마을정원사 동아리

몸으로 표현하는 우리 마을, 나의 삶 - 댄스동아리

2017년 10월 말 깡깡이예술마을 축제의 하이라이트를 화려하게 장식한 여섯 명의 '아지매'들이 있었다. 독특한 몸짓이 우스꽝스럽다가도 희한하게 마음이 찡하고 눈물이 핑 돌게 한다. 춤이 아닌 것 같은데 마음을 울리는 것을 보면 '춤'이 맞는 것 같기도 하다.

댄스동아리가 추구하는 춤은 우리가 TV에서 익히 보아오던 것과 많이 다르다. 공연기획 단체인 무브먼트 당당의 진행 하에 스스로가 춤의 주인공이 되어 나의 이야기, 내가 살아온 인생을 몸으로 표현하는 것이다 보니 댄스동아리 회원 모두 처음에는 낯부끄럽게 여기거나 어색해했다. 하지만 모든 과정이 마친 후에는 '조금 더 표현할 수 있었는데...'라며 아쉬워하셨다.

댄스 동아리에 참여했던 여섯 분의 춤에는 자신들의 지나온 삶이 담겨 있어 보는 이들에게 진한 감동을 남겨 주었다. 이제 댄스 동아리는 지난 축제 때 선보였던 공연을 깡깡이마을 무대가 아닌 다른 무대에서 선보이기 위해 연습에 매진할 예정이다.

● 댄스동아리

시와 그림이 있는 마을 - 시화동아리

기본적으로 글은 자신을 표현하는 수단 중에서도 가장 쉬우면서 어려운 형식이다. 매일 같이 사용하는 한글인데 막상 나의 이야기를 꺼내려 하니 쑥스럽고 어려울 따름이다.

이민아 시인과 전영주 미술작가의 지도 아래 여섯 명의 마을 주민들은 매주 동아리실에 모여 내가 살아온 세월에 대해 담소도 나누고, 나눈 대화를 글로도 옮겨 보며 일상생활을 소재로 글을 쓴다는 것에 조금씩 익숙해지기 위해 노력했다. 살아온 삶이 문학 그 자체다 보니 재미를 붙인 주민들은 한 가지를 고르기 어려울 정도로 방대한 양의 작품들을 쏟아냈다.

이 작품을 바탕으로 영도에 위치한 삼세갤러리에서 '시화동아리 전시회'라는 이름으로 여섯 명의 주민들이 직접 창작한 60여 점의 시화 작품을 전시하기도 했다. 곳곳에 틀리게 쓰인 맞춤법과 서툴게 써 내려 간 투박한 글씨들이 그 어떤 화려한 예술작품보다 진솔하고 순수해서 그 여운이 많은 사람들의 가슴 속에 잠시나마 남진 않았을까 조심스레 짐작해본다.

"남항 방파제 우뚝 서 있는 등대 밑 바로 내가 서 있네 머나먼 고향산 바라보는 내 눈 눈물 고이고"(서만선, 고향을 바라본 눈)

● 시화동아리

차 한 잔에 담긴 마을 - 마을다방 운영 동아리

'깡깡이 생활문화센터'에 조성된 특별한 공간이 있다. '대평마을다방'이라는 이름의 카페가 바로 그곳이다. 햇살 좋은 날이면 널찍한 창문 너머로 싱그러운 빛줄기들이 들어오는 곳. 오랜 시간 마을을 지켜온 나무들이 주변을 감싸고 있어 든든해 보이기까지 하는 이 마을다방에선 마을 주민 바리스타가 직접 커피를 내린다.

마을다방을 운영하고 있는 세 명의 바리스타는 다방이 생기기 전부터 이 공간을 만들기 위해 많은 시간과 공을 들였다. 부산에서 맛있다는 카페는 전부 찾아다녔으며 커피 선생님을 모셔 카페 운영에 대한 기본적인 매뉴얼에 대해 교육도 받았다. 다방에 필요한 테이블, 의자 등 기물들을 직접 선택하고 준비했으며 '바리스타 자격증'도 수능생 못지않은 열정을 쏟아부어 단번에 취득했다.

이제 모든 준비가 끝났고 이제는 실전만이 남았다. 모두들 오셔서 '차 한 잔에 담긴 마을'을 직접 감상해보면 좋겠다.

●마을다방 운영 동아리

두분의 어머니

김길자

나도 이제 나이가 들다보니 자식들을 사랑하시던 어머니의 살아생전 마음을 알것같다 팔남매를 낳으사고 막내동생 낳고나서 고혈압 병을 얻어 항상어린 마음에 돌아가실 까봐 학교 졸업후 살림을 도왔다 결혼후에도 노심초사 큰딸걱정 하시다 외할아버지, 할머니 모시고 비행기타고 서울구경 가시다 택시 안에서 혈압으로 53세의 나이에 돌아가셨다 태산이 무너진것 같았다 한분의 시어머님은 며느리를 아껴주셨다 애기를 내명을 낳았지만 백일까지 손에 물을 넣지못하게 하며 며느리를 산후조리 시켰다 여름엔 옷에 풀을해 다림질 해서 입고나가시면 동네분들은 며느리가 깨끗하게 해드린다고 저를 친찬 하셨다 어머님도 평생병원에 가시지 않고 건강하셨다 94세에 아침잡숫고 낮잠자고 나서 돌아 가셨다 이세상 에서 저의 시어머님 같이 좋으신 분은 없다 길거리 에서 노인들을 보면 살아생전 어머님들께 잘해드리지 못한 불효를 뼈저리게 느낍니다 두분의 어머님들 사랑하고 하늘나라 에서 편히 쉬세요.

어머님 들의 큰며느리, 큰딸이 글을 올립니다.

꽃피 든거시절은

어디로 다지나 갔나

김부연

아무리 생각해도 청춘시절 도둑마견갔다
어느새 다지나 가고 노인이 되었꾸나
지금은 백세를 산다 하는데
어디서 에느지를 가져올고 남은 세월은
굼도 없고 희망도 없다
그냥 그대로 살아가자 남은 인생이나
즐겁게 살자 그나마 대평동 예술
마을이 생겨나서 글도쓰보고 동아리
땐스도 해보고 하니 늦어서도
즐굽다 그거라도 하니 정말 즐굽다
지굼이라도 열심이 배우고 십다
기해가 이제 왔어니 무어라도 해보고십다
이제 꿈을 꾸는것 갓다
늦은 비가 오는것 갓다

고모식당

김순연

조선소 앞에서 식당을 했었다
아침 일찍 밥을 해서 배타는 사람들
삼시세끼을 해서 주었다
배가 조선소에 올라오면 배에서
밥을 못해서 먹는다
식당에서 밥을 사서 먹는다
고등어 배는 한달에 한번씩 들어온다
보름이면 달이 밝아서
고등어가 잡히지 않는다고 했다
조선소에 배을 올려서 수리도 하고
점검도 하기 때문이다
배가 올라오면 그때부터 조선소는
시끄러워진다 배 씻는 소리 깡깡이
망치질 소리 정말 시끄럽다
덩달아 우리 식당도 바쁘다
삼시세끼 밥해주고 참도 챙겨야
하기 때문이다 정말 정신 없이
온종일 바쁘다 일손이 모자라서
누구라도 오면 거들어 주고 갔었다
그때 하루 하루 바쁘게 살았다

깡깡이 마을

박송엽

온 동네가 왁자지껄 한다
외지에서 일하러 도선장 배를 타고
사람들이 많이 왔다
8시부터 시작하면 조선소 배에서
망치 가지고 두드려면 온 동네가
시끄러웠다
철공소 기계소리 조선소 깡깡이 소리가
참 힘들었지만 그 때가 좋았다
사람 사는 맛이 있었기 때문이다
지금은 너무나 조용하다
그 때가 그립다

대평동 내 생각

서 만선

우리 식구 부산 영도 대평동
온지 사십년
그때만 해도 대평 유치원
아이들히 왁짝 찍글 했지요
그 아이들히 커서 제갈길 다가고
웅장한 나무만 남았다
나무야 우리 생각중이다
사람들은 나무 다 없샐까봐
웅섬 대고
대평동에 유리한 나무
나무야 어쩌지 세그릇하도
살라 남아 쓰면 좋캐고만
사람들히 이청갔다 아레청왔다
새 집 질 생각에 물근 들고
왔다 갔다 뜨들숙하다

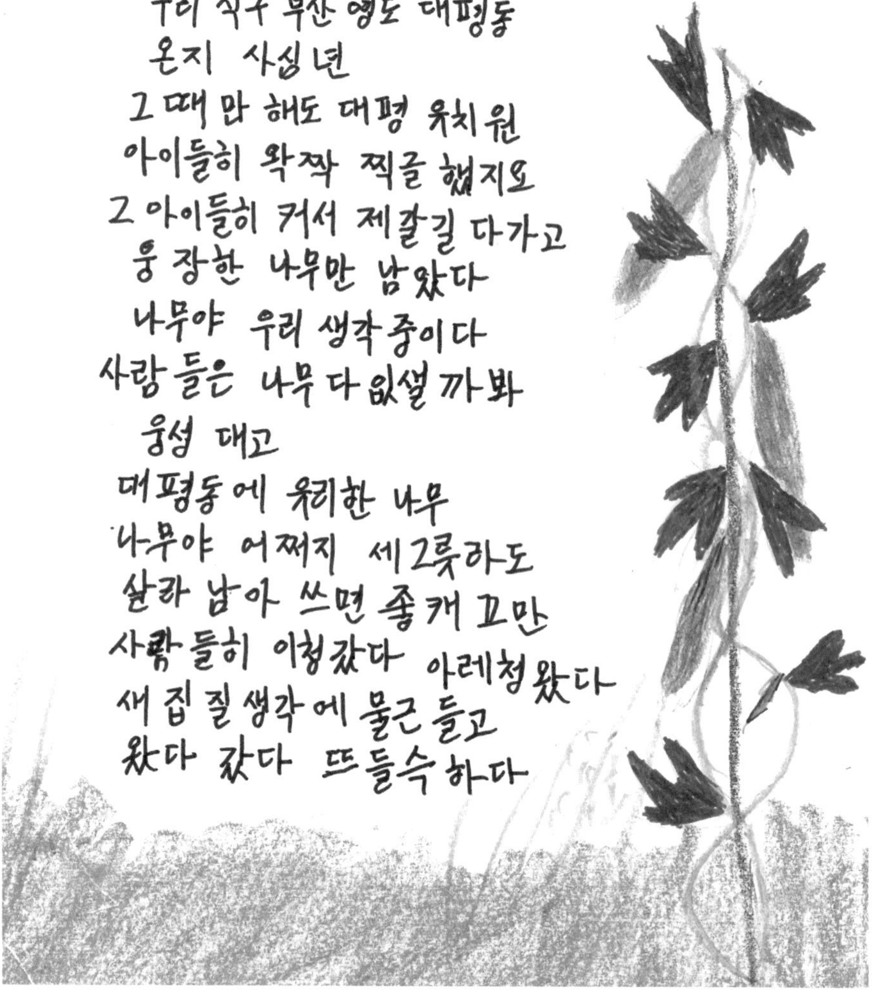

자갈 망댕 우리집

서 만선

조그만한 배한채 운영했다
오늘 하루 해가지고
기 다리는 영감은 오지 않고
옆 사람 한테물어보니 술을 먹었다한다
저녁 아홉시 까지 기다리다
자갈치 충무동 센타 까지
찾아 바도 보이지 안는다
허둥 지둥 집으로 와도 사람은 안왔다
시간은 흘러 새벽 세시 쯤
배가 들어 왔던지 보인다
막상 배가보니 옷인지 사람인지
기름무든체 누워 잔다
아이구 영감님 어쩔끼가

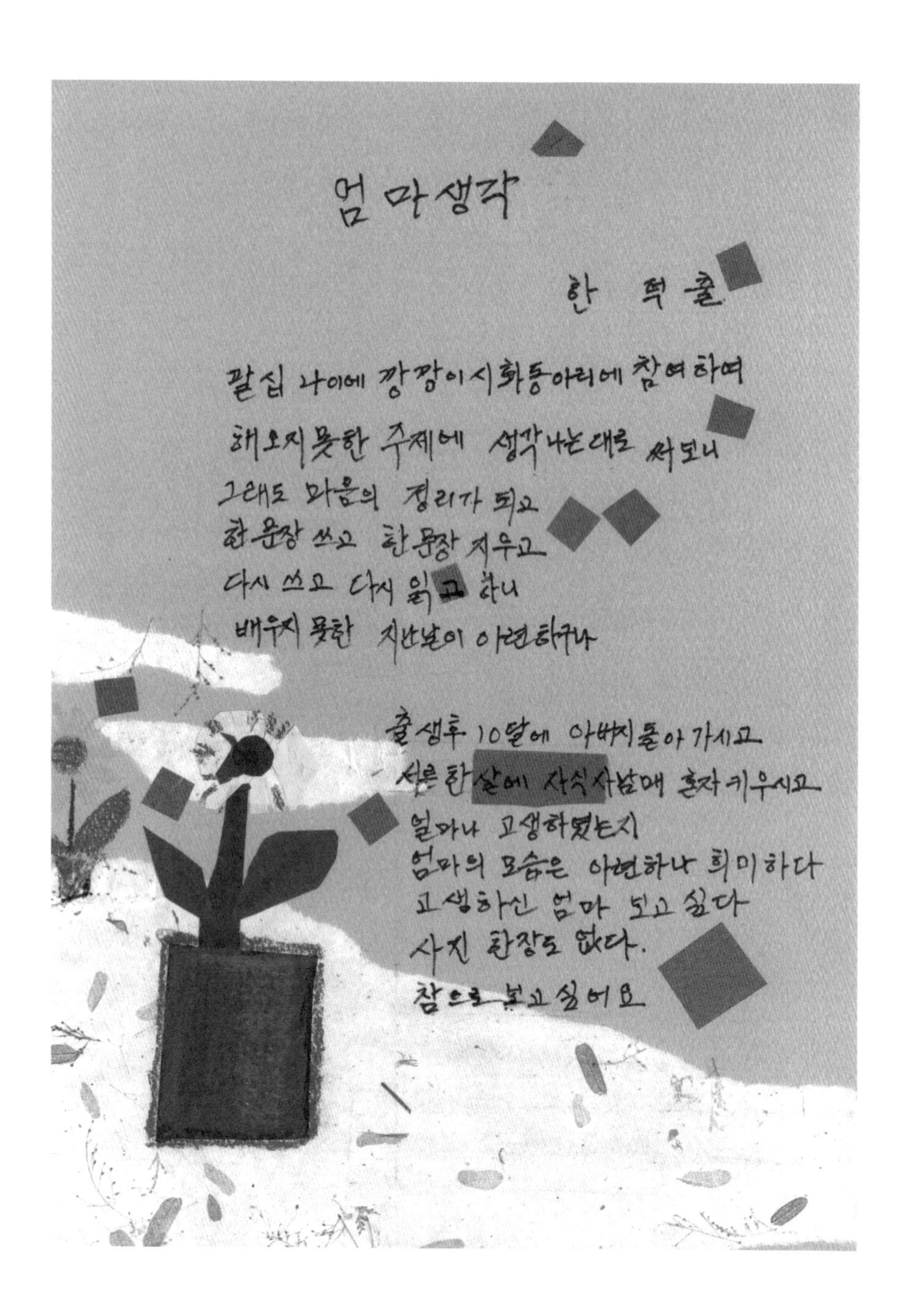
엄마생각
한 뎍출
팔십 나이에 깡깡이시화동아리에 참여하여
해오지못한 주제에 생각나는대로 써보니
그래도 마음의 정리가 되고
한 문장 쓰고 한 문장 지우고
다시 쓰고 다시 읽고 하니
배우지 못한 지난날이 아련하구나
출생후 10달에 아버지돌아가시고
서른 한 살에 자식 사남매 혼자 키우시고
얼마나 고생하였는지
엄마의 모습은 아련하나 희미하다
고생하신 엄마 보고 싶다
사진 한장도 없다.
참으로 보고 싶어요

글·그림/ **시화동아리**(김길자, 김부연, 김순연, 박송엽, 서만선, 한덕출)

이 작품은 마을 주민으로 구성된 시화동아리 회원 여섯 분께서
2017년 5월부터 약 6개월간 작업하신 약 60여 점의 작품 중 일부입니다.

깡깡이마을은 과연 무슨 꿍꿍이를 품고 있는 걸까?

– 예술가와 주민들의 협업으로 마을 전체가 작품으로 거듭난 깡깡이예술마을

글/ 방호정

다큐멘터리감독. 부산힙스터연맹 총재. the street writer.

이상한 일이다. 부산에서 나고 자라 살고 있음에도 불구하고, 어쩐지 매번 영도다리를 건널 때마다 어쩐지 여행을 떠나는 기분이다. 딱히 영도를 오갈 일이 없었던 나에게 영도는, 부산을 배경으로 하는 영화나 TV 드라마 속의 풍경으로 더 익숙해져 있었다. 말하자면 여기는 부산이구나…. 하는 새삼스럽고 생뚱맞은 감회에 젖게 되는 부산 속의 또 다른 부산이다. 어선들이 오가는 바다 위를 맴도는 갈매기의 울음소리 속에 사시사철 같은 자리를 지키고 앉아 '굳세어라 금순아'를 구슬프게 부르고 있는 현인 선생의 동상을 지나 바다로 향하는 골목을 벗어나니 낡은 선박들이 줄지어 서 있는 뱃머리 길이 펼쳐져 있다. 우리나라에서 최초로 근대식 조선소가 생긴 한국 근대조선의 발상지라는 사실은 익히 들어 알고 있었지만, 영도다리를 건너는 버스 차창 밖으로 자갈치 시장 쪽에서 항상 바라보던 풍경으로만 보던 이 동네에 발을 내디딘 건 난생처음이다.

●영도대교 위에서 본 깡깡이예술마을

수리가 있는 깡깡이마을_ 정크하우스

깡깡이마을에서 바라본 바다 건너의 원도심의 모습 역시 부산에서 처음 발견한 풍경이었다.

물양장 끝자락에 깡깡이예술마을의 간판처럼 대형 창고건물에 그려진 벽화가 나타났다. 정크하우스의 작품인 〈수리가 있는 깡깡이마을〉이다. 선박과 기계, 공장의 색깔인 갈색과 주황색 위주로 각종 기계부품과 작업하는 사람들의 모습을 건물 외곽 전체에 담아내고 있다. 주변 골목에서 실제로 기름때 가득 절어있는 작업복을 입고 한창 작업을 진행하고 있는 사람들과 둔탁하고 육중하게 울려 퍼지는 금속 기계음이 작품에 생기를 더하고 있다. 머지않은 과거에 부산은 걸출한 헤비메탈 밴드들을 줄줄이 배출한 록의 메카였던 시절이 있었다. 어쩌면 생활 속에서 익히 들어온 이런 무겁고 단단한 금속성 소음들이 헤비메탈 씬의 자양분이 되지 않았을까 하는 엉뚱한 생각도 들었다. 그 뒤편으로 말 그대로 알록달록한 색깔로 오래된 공업사 골목에 다채로운 표정을 입힌 〈컬러풀 스트리트〉가 이어진다. 이런 작품들뿐 아니라 거대한 선박을 만들고 수리하는 모습을 눈앞에서 목격할 수 있는 조선소 현장 역시 빼놓을 수 없는 깡깡이마을의 볼거리다.

옛날엔 마을 전체에 깡깡 망치 소리가 가득 울려 퍼질 정도로 호황이었으나 다른 지역에 대형 조선소들이 생겨나면서 점차 깡깡 소리는 줄어들고 있다. 부산의 만화가 배민기는 깡깡이마을의 깡깡 소리가 줄어든 이유를 소리를 잡아먹는 괴물이 나타나는 것으로 표

● 깡깡시티_ 배민기

현해 만화를 그렸다. 그 괴물에 맞서 정부나 슈퍼히어로가 아니라 주민들이 직접 힘을 합쳐 망치를 들고 마을을 지킨다는 스토리의 만화 〈깡깡시티〉는 깡깡이예술마을 전봇대마다 그려진 폴아트로 만날 수 있다. 깡깡이마을에선 전봇대 하나도 그냥 스쳐 갈 수 없다. 최근 부산의 새로운 핫 플레이스로 각광받고 있는 양다방도 역시 그냥 지나칠 수 없다. 호돌이 인형과 못난이 인형, 하늘색 공중전화 등 추억어린 아이템들을 가득 품은 채 40년째 운영되고 있는 양다방의 시그니처 메뉴인 계란 노른자 띄운 쌍화차 한 잔의 온기를 느끼며, 조덕배 또는 최백호의 노래를 들으며 지난 추억에 눈물 짜내는 청승을 떨어보는 것 또한 어쩌면 마음 허한 당신에게 꼭 필요한 낭만이 아닐까.

●양다방

구헌주의 〈항구의 표정들〉은 물양장에 정박해있는 선박들의 저마다 다른 표정들을 담고 있다. 작품을 감상하고 돌아오는 길에 정박해있는 크고 작은 배들을 바라보니, 처음엔 발견하지 못했던 배들의 표정들이 조금씩 읽히기 시작한다. 깡깡이마을에선 별의별 것들이 다 작품으로 보인다. 헬로키티 풍으로 하얀색과 핑크색이 어우러진 웅장한 크레인에도 제목을 붙여주고 싶은 충동이 생겼다. 쌈지공원의 벽면과 골목에 화려한 색상으로 그려진 브라질 작가 다닐로 제 팔리토의 〈경이로운 자연〉은 동네 주민들의 가슴 속

●항구의 표정들_ 구헌주

에서 잠자고 있던 예술혼에 불을 댕겼나 보다. 주민들은 자기 집 담벼락과 벽면에도 팔을 걷고 직접 알록달록하게 색칠을 하고, 그림을 그리기 시작했다고 한다. 철거된 집터에 그려진 정크하우스의 〈허물어진 단면의 미학〉에서도 예술가와 주민들의 콜라보레이션은 이어지고 있었다. 벽화 앞 빈 공터에는 거실처럼 오래된 소파와 테이블을 대신하는 듯 엎어져 있는 리어카가 배치되어 있었고 멈춰 있는 커다란 괘종시계가 중앙에 자리 잡고 있었는데 알고 보니 설치작품이 아니라 벽화를 제외한 모든 것들은 주민 중 누군가가 갖

● 정크하우스의 벽화 작품인 〈허물어진 단면의 미학〉과
마을 주민이 가져다 놓은 오브제들

다 놓은(또는 갖다 버린?) 것이라 한다. 하나같이 원래 자리를 지키고 있던 것처럼 묘하게 어우러진다. 무단폐기조차 예술로 승화된 것이다. 깡깡이예술마을을 둘러볼수록 일상과 예술의 경계는 점점 흐릿해진다.

돌아오는 길에 때마침 중구 천재 김일두가 근처에서 배회 중이라는 연락을 받고, 과거 점바치 골목이었던 영도대교 밑 유라리 광장에서 접선을 했다. 함께 자갈치 시장을 지나다 김일두는 보셔야 할 게 있습니다. 하며 신동아 회센터 앞 광장으로 나를 데려갔다. 김일두가 손으로 가리킨 건, 이광기의 라이트 작품이었다. 바다 건너서도 또렷이 보일 정도로 커다란 노란색 글씨로 '그때 왜 그랬어요'라고 적혀있었다.

어쩐지 김일두는 격분한 것 같았다. 저거는 좀 너무한 거 아닙니까? 왜 저런 걸 만들어서 사람을 괴롭히는 겁니까? 밤에는 불도 들어온다니까요? 라고 내가 만든 것도 아닌데 나에게 따졌다. 소금기어린 차가운 바닷바람을 맞으며 짧지만 복잡한 상념들을 융단폭격처럼 퍼붓게 하는 문장을 보고 있으려니 그의 격분이 십분 이해가 되었다. 허나 여기저기 널려있는 무책임한 힐링 메시지 따위보다는 훨씬 맘에 드는 작품이다. 그러게…. 그때는 대체 왜 그랬을까?

절실하게 반성이 필요할 때면 여기에 찾아오자는 다짐을 했다. 또는 전 연인이나, 전 부인, 전 남편, 채무자, 배신자 등등 애증이 뒤얽힌 누군가와 함께 한참을 바라봐도 좋을 것 같다. 격분한 김일두를 달래기 위해 저것은 깡깡이예술마을의 작품들 중 하나라고 설명을 해주었더니 김일두는 말했다.

“저거는 분명히 무슨 꿍꿍이가 있습니다. 깡깡이마을이 아니라 꿍꿍이마을입니다.”

그리고 그 후로 나는 내내 생각했다. 깡깡이예술마을은 대체 무슨 꿍꿍이를 숨기고 있을까? 날이 풀리는 대로 다시 한번 찾아가 꼼꼼하게 살펴봐야겠다.

●그때 왜 그랬어요_ 이광기

깡깡이예술마을
공공예술프로젝트

깡깡이마을은 해안가를 둘러싼 여덟 개의 수리조선소를 비롯해 260여 개의 공장 및 부품업체들과 주민 주거지역이 혼재되어 있는 곳이다. 그로 인해 주민을 위한 버스정류장 벤치, 공원 등 휴게공간이나 가로등과 같은 가로 편의시설이 매우 부족한 편이다.

공공예술프로젝트는 마을에 꼭 필요한 시설을 예술가들의 창의적인 작업을 통해 확충하여 마을 생활환경을 개선하는 동시에 소리, 빛, 바람, 색채 등 다양한 매체와 요소를 활용해 수리조선마을이자 포구인 깡깡이마을의 정체성과 환경적 특성을 반영한 작품들을 만들어 독특한 마을경관을 조성한 프로젝트이다.

글/ **이여주**

깡깡이예술마을 예술국장

벤치에 예술을 담다_ 아트벤치

아트벤치는 지역민과 외부인에게 편의를 제공하기 위해 기획한 것으로, 실용성과 편의성은 기본으로 하되 보는 이로 하여금 마을에 대한 특별한 인상을 갖게 하거나 여운을 줄 수 있도록 예술적인 측면까지 최대한 고려해 제작하였다. 다섯 작품 모두 크기, 좌석 수, 조명 유무 등 설치할 공간의 특성에 맞게 제작되었으며, 다섯 작가 모두 마을에 걸맞은 작품 주제를 선정하고 현지에서 직접 구할 수 있는 재료를 사용하는 등 해당 지역과 조화를 이루는 벤치를 만들기 위해 고심했다.

깡깡이마을 1

박상호

공업사 골목의 좁은 모퉁이 공간을 활용해 설치한 작품으로, 바다를 상징하는 파란색으로 깡깡이마을의 다양한 풍경들을 그려 넣은 뒤 직접 구운 타일로 벤치를 장식했다.

시간에 '닻'다 2

조형섭

마을버스 정류장에 설치한 벤치로 포구를 상징하는 대형 닻과 인근 폐가에 버려진 자개농을 장식으로 활용해 누군가의 기억을 작품 안에 담았다.

두드림 3

김상일

망치로 철을 두드릴 때 사용하는 모루의 모습을 형상화한 벤치로 깡깡 망치, 깡깡이 아지매로 대표되는 깡깡이마을을 상징적으로 표현했다.

관계-어울림 4

김성철

선박을 수리하기 위해 협력하는 대평동 사람들의 모습을 보여주기 위해 서로 맞물려야 돌아가는 기어의 이미지를 벤치 장식으로 활용했다. 배경인 물양장 풍경은 밤이 되면 불빛이 더해져 더욱 아름다운 분위기를 자아낸다.

나무벤치 5

신명덕

깡깡이 생활문화센터(구.대평유치원) 조성을 위해 안타깝게 자른 고목(古木)을 예술작업을 통해 주민들이 쉴 수 있는 벤치로 재탄생시켰다.

깡깡이마을 빛으로 물들다_ 라이트프로젝트

깡깡이마을에는 가로시설 중에서도 특히 가로등이 매우 부족했다. 공업지역이다 보니 퇴근 이후부터 점차 불빛이 사라지고 부쩍 인적도 드물어져 주민들이 야간 통행 시 불안감을 많이 느끼는 경우가 많아 조명시설 확충이 반드시 필요했다.

라이트프로젝트는 조명 기능을 가진 작품을 만들어 주민 불편 개선 및 범죄예방효과를 거두는 한편, 단순한 시설물이 아닌 예술 작품으로서도 특별한 매력을 가질 수 있도록 기획했다.

구름가로등 6

허수빈

태양광을 이용한 라이트작품으로 공장과 인접한 주거지역, 으슥한 골목길 등 마을에서 가장 어두운 곳에 설치했다. 뭉게구름 형상으로 낮에는 보는 이에게 즐거움을 선물해 주며 밤에는 파란색 조명이 들어와 마음에 안정감을 준다.

그때 왜 그랬어요 [7]

이광기

방문객이 많이 찾는 남포동 자갈치시장에서 가장 잘 보이는 위치에 설치한 대형 라이트작품으로 보는 사람들이 자신만의 상념에 잠길 수 있는 문구를 담았다.

가닥들 [8]

벤 튜(영국)

파도에 일렁이는 어망에서 영감을 받은 라이트작품으로 물결처럼 움직이는 빛의 변화를 통해 배와 사람이 끊임없이 오고가는 깡깡이마을을 표현했다.

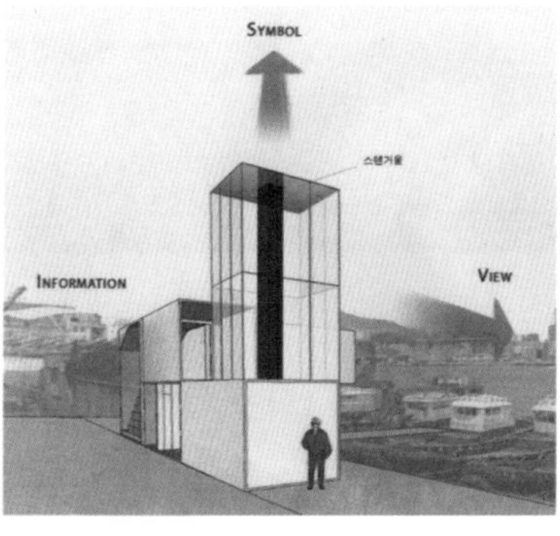

바람이 불다 [9]

박재현

등대 역할을 하는 라이트작품으로 거친 쇠의 에너지, 바다, 바람의 느낌을 표현하는데 특히 바람에 따라 움직이는 디지털 숫자를 통해 깡깡이마을에 불어온 새로운 변화를 상징적으로 보여준다.

바람, 파도로 완성되다_ 키네틱프로젝트

키네틱작품은 깡깡이마을의 환경적 특성을 활용한 것으로 바람, 파도 등 자연환경을 물리적으로 이용하여 스스로 움직이게 만들어졌다. 움직이는 이 작품들은 거리에 생동감을 부여하고 있으며 외부 방문객에게도 흥미로운 작품 감상의 기회를 제공한다.

대평의 미래 10

신무경

바람과 태양광을 활용해 빛을 내거나 움직일 수 있도록 만든 설치작품으로 선박 조타기, 닻, 프로펠러 등 각종 선박 부품을 작품 재료로 사용해 깡깡이마을의 풍요를 기원하고 모든 사람들을 희망찬 미래로 안내하고자 한다.

바람과 시간 11

김태희

깡깡이마을에서 바람이 가장 많이 부는 곳에 설치한 작품으로 동력원인 바람은 마을의 역사와 시간을, 서로 맞물려 움직이는 기어는 열심히 살아가는 대평동 사람들의 일상을 상징한다.

발견 12

박기진

조수간만의 차에 따라 해수면의 높이가 달라지는 것을 활용해 해와 달이 시소처럼 움직이는 작품이다. 우주와 자연의 섭리를 작품을 통해 엿볼 수 있는 유익한 작품으로 밤에는 태양광을 활용해 빛을 내며 신비로움을 뽐낸다.

깡깡이 소리로 즐기다_ 사운드프로젝트

녹슨 배의 표면을 벗겨낼 때 나던 망치 소리에서 유래해 현재까지도 '깡깡이마을'이라 불리고 있는 이 지역의 특별한 역사와 현장의 풍부한 소리를 이용한 프로젝트이다. 지역의 생생한 소리를 채집하는 사운드 아카이브 작업과 다양한 소리를 체험할 수 있는 작품을 설치하여 주민과 방문객들의 감각을 자극하고 새로운 상상력을 이끌어내고자 한다.

Sound Brear Meucci [13]

정만영

폐기된 전화 부스를 활용한 사운드 설치작품으로 수화기를 통해 깡깡이예술마을 조성사업을 통해 제작된 다양한 음원 콘텐츠나 음성 인터뷰와, 작가가 직접 채집한 마을의 다양한 소리 등을 들어볼 수 있다.

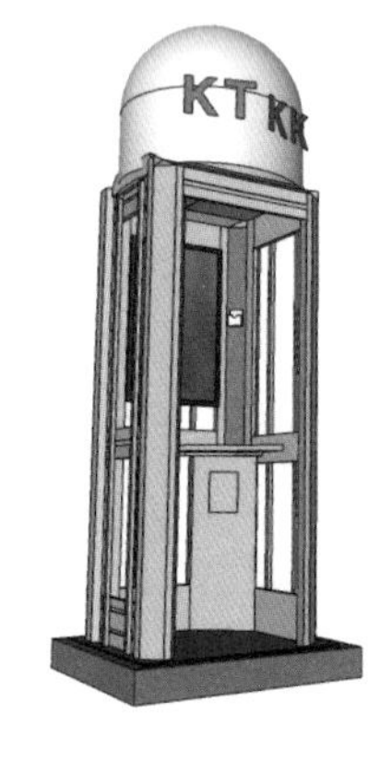

Sound of Daepyeong [14]

전광표

수리조선소, 공업사, 물양장, 시장, 거리 등 작가가 직접 깡깡이마을의 산업 현장과 주민 생활공간을 다니며 채집한 다양한 소리들을 직접 들어보고 믹싱도 해볼 수 있는 소리지도 작품이다.

환풍기 소리장치 [15]

니시하라 나오(일본)

마을 내 수리 공장이나 창고 지붕에서 흔히 볼 수 있는 대형 환풍기를 활용한 사운드 작품으로 환풍기 내부에 사운드 장치가 설치되어 있어 현장의 다양한 소리들을 생생하게 들을 수 있도록 한다.

서라운드 사운드 스피커 [16]

첸 사이 후아쿠안(싱가폴)

벤치의 기능을 더한 사운드 스피커 작품으로 물양장의 다양한 소리들을 풍부하게 들을 수 있어 바다를 터전으로 살아가는 깡깡이마을 사람들의 삶을 소리를 통해 엿볼 수 있게 해준다.

깡깡이마을 색으로 활기를 찾다_ 페인팅시티

페인팅시티는 마을 분위기를 어둡게 만드는 낡은 공장 벽면이나 우리들의 시야를 어지럽히는 전봇대, 통신주를 활용해 페인팅, 그래피티 작업 등을 함으로써 거리에 활력을 주고 공간을 산뜻하게 탈바꿈시켜주는 프로젝트다.

우리 모두의 어머니 17

헨드릭 바이키르히(독일)

녹슨 배의 표면을 벗겨내기 위해 고된 망치질을 했던 '깡깡이 아지매'를 주인공으로 한 벽화로 평범한 이웃의 얼굴이야말로 마을의 역사와 삶의 애환을 가장 잘 보여준다는 작가의 의도가 담겨 있다.

우리 모두의 어머니
공인중개사
우림
Delkor

수리가 있는 깡깡이마을 & 컬러풀 스트리트 18

정크하우스

낡고 오래된 창고에 그린 벽화는 수리조선소 사람들의 모습을 표현해 특별함과 신선함을, 인접한 골목의 건물 여섯 곳에는 강렬한 색상들을 대비적으로 입혀 거리 전체에 생기를 더해 주었다.

HI 홍익종합상사
TEL(051)417-1505 412-2035 FAX 416-8450
고려체깅
대리점
DOOSAN
HYUNDAI
010-3880-2478 010-6599-8312
진영종합상사

영도사람들 [19]

신혜미

배, 용접기술자, 깡깡이 아지매, 외국인 선원, 강아지까지 깡깡이 마을의 모습을 만화캐릭터처럼 귀엽고 재치있게 표현한 작품이다.

경이로운 자연 [20]

다닐로 제 팔리토(브라질)

녹지가 부족한 마을에 자연의 생기를 더해주는 벽화작품으로 새, 식물, 해와 달 등 한국의 민화에서 영감을 받아 자연의 경이로운 모습을 표현했으며 자유, 평화, 사랑의 메시지도 담았다.

항구의 표정들 [21]

구헌주

물양장에 정박해있는 어선들의 모습에서 항구의 표정을 발견한 작품으로 무심코 지나치는 주변의 익숙한 풍경들에서도 새롭고 특별한 무언가를 찾고자 하는 작가의 의도를 담고 있다.

쇠뜨기 [22]

폴 모리슨(영국)

딱딱한 콘크리트 벽면에 쇠뜨기 풀의 이미지를 그려 넣어 생명력을 불어넣은 작품으로 일렁이는 파도의 물결이나 수풀로 위장한 배의 옆모습을 떠오르게 하기도 한다.

바로 그곳에 23

사요코 히라노(일본)

삼면이 바다인 깡깡이마을, 그 바다에서 영감을 받아 즉흥적으로 표현한 작품으로 작가는 가까이 있는 것의 소중함을 되새기는 계기를 마련해주고자 했다.

깡깡시티 24

배민기

마을의 전봇대를 활용한 폴아트 작품으로 깡깡이마을에 나타난 괴물을 깡깡이 소리로 물리친다는 내용의 만화를 18개의 전봇대에 입혀 거리를 걸으면서 재밌는 콘텐츠를 감상할 수 있도록 했다.

골목에 자연의 생기를 더하다_ 골목정원프로젝트

깡깡이마을은 조선소, 공업사에 둘러싸인 공업지역으로 주민들의 정주생활환경은 열악한 편이다. 골목정원프로젝트는 주거지 내 공·폐가 철거지원사업으로 공터가 된 공간을 예술가와 주민이 함께 쌈지공원으로 조성해 이곳을 찾는 사람 모두가 나무와 화초를 보며 쉴 수 있는 곳으로 만드는 것을 목표로 했다. 뿐만 아니라 방치된 화단이나 거리 군데군데 어지럽게 늘어놓은 화분들을 심미적으로 아름답게 만들어 마을 전체에 초록빛을 더했다.

상징물조성 25

마을 로터리 부근에 버려진 화단에다 깡깡이예술마을을 상징하는 닻과 로고 간판을 세워 지역의 랜드마크이자 만남의 장소를 조성했다.

쌈지공원 조성 전

쌈지공원 조성 후

쌈지공원[26]

백성준, 가치예술
마을정원사 동아리

공·폐가 철거 후 방치된 공터를 여러 예술가들과 주민들이 협력하여 쌈지공원으로 만들었다. 이후 인근 이웃 주민들의 자발적인 정화 작업(페인팅, 주택 개보수 등)이 이뤄져 쌈지공원 주변이 더욱 밝고 깨끗해졌다.

근대 조선산업 1번지, 깡깡이마을의 역사를 둘러보다 _ 거리박물관

근대 조선산업 1번지이자 수리조선업의 메카였던 깡깡이마을의 역사를 누구나 쉽게 접할 수 있도록 조성한 거리형 박물관이다. 작품이 조성된 곳은 현 '우리조선(주)' 벽면으로 대한민국 최초로 발동기(엔진)를 장착한 근대식 목선을 만든 '다나카 조선소(田中造船所)'가 세워진 자리이다. 역사적으로 의미가 있는 장소에 설치한 이 작품에는 대평동 조선산업의 시대별 변천사와 선박의 구조, 선박 수리 과정의 정보를 얻고 선박 부품을 활용한 작품도 만나 볼 수 있다.

깡깡이마을 수리조선소의 변천사 27

심점환

1890년대 나룻배가 다니던 시절부터 현재에 이르기까지 깡깡이마을이 거쳐 온 조선산업 변천사를 누구나 알기 쉽게 표현한 작품이다.

철로 소리를 만들다 [28]

우징

닻, 프로펠러 등 다양한 선박 부품을 활용한 조각 작품과 철판과 와이어로 만든 악기 형태의 작품으로 사라져가는 깡깡이마을의 흔적들을 담으려 했다.

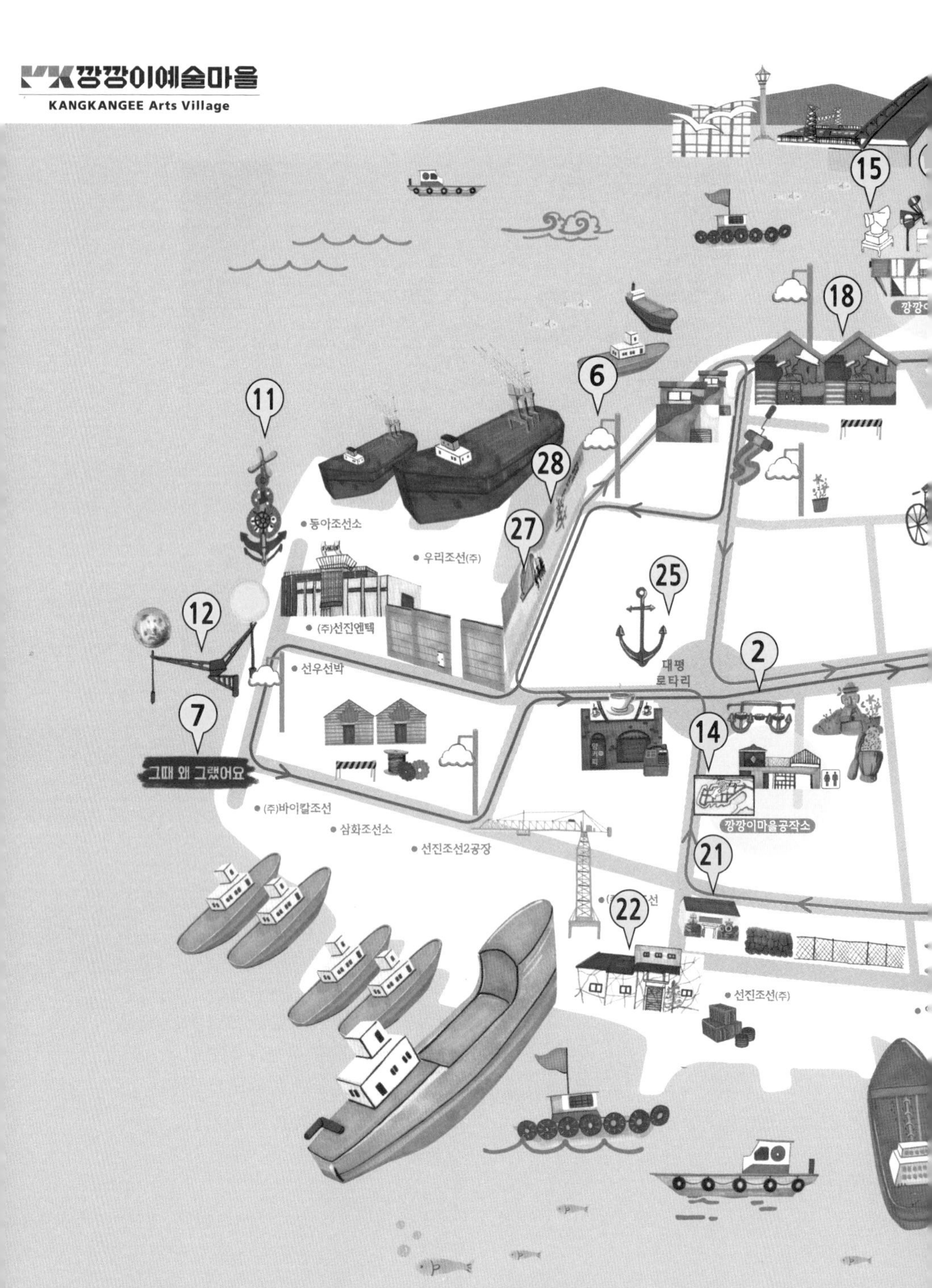

● 깡깡이예술마을 공공예술작품 위치

영도 대풍포 매축비
영도경찰서
대평북로
대평 하나빌 아파트
대평로
대동대교맨션 아파트
한나라할인마트
대평남
대호장갑
깡깡이 생활문화센터
삼남기계공업사
이까선창
마스텍중공업(주)
국제선용품유통센터
8
17
4
3
19
13
5
10
20
24
1
23

부산-셰필드 인터시티 아트프로젝트

Intercity Arts Project: Busan & Sheffield

2017-18 한영 상호교류의 해 공식프로그램 중 하나인 〈부산-셰필드 인터시티 아트프로젝트〉는 부산 영도의 깡깡이예술마을과 영국 셰필드의 문화산업지구(CIQ: Cultural Industry Quarter)에서 각각 진행되고 있는 도시재생프로젝트를 바탕으로 한국과 영국의 예술가들이 교류, 협력하는 프로젝트이다.

수리조선 공업지역인 부산 영도의 깡깡이마을과 쇠퇴한 철강 공업지역인 영국 셰필드 도심지역을 중심으로 세 명의 한국작가 구헌주, 조형섭, 허수빈과 두 명의 영국 작가 폴 모리슨, 벤 튜(유니버셜 에브리띵)가 상대 도시에서 공공예술작품을 선보였다. 또한 영국의 그래픽노블 작가인 마크 스태포드(Mark Stafford)는 깡깡이예술마을의 오버씨프로젝트에 참여해 영도와 깡깡이마을을 배경으로 한 작품 〈깡깡이 블루스〉를 제작했다.

대평동마을회 영도문화원

플랜비문화예술협동조합
creative plan b

BRITISH COUNCIL UK/KR 2017-18

깡깡이마을에 자리 잡기

-대성 잠수기

글/ 정만영

깡깡이예술마을 전시감독, 예술가

자갈치에서 건너편 영도로 가는 도선을 탔던 25년 전쯤의 기억은 파도처럼 일렁거리며 또렷하게 그려지지 않는다. 하지만 그 후 얼마 지나지 않아 영도다리를 걸어서 건너며 보았던 대평동의 풍경들은 필름 카메라에 담겨 지금도 또렷하게 남아 있다. 이런 몇 안 되는 기억의 조각을 가지고 2016년 11월 대평동 도선장 근처 몇몇 공간을 둘러보는 기회가 있었고, 그 중 소박한 입구의 공간을 발견하게 되었다. 그곳은 들어가는 입구가 좁고 들어가면 갈수록 많은 시간들이 두터운 먼지로 무겁게 내려앉아 있는 듯 어두운 공간이었다. 하지만 내부 계단을 통해 한층 더 올라간 뒤 테라스를 지나 옥상까지 힘들게 올라가 보았을 때 생각은 달라졌다. 입구에서의 인상과는 달리 이 공간은 대평동, 그리고 부산의 오랜 시간의 층을 함께 확인할 수 있는 곳이었다.

작업실이 될 이 공간을 같이 사용할 김 선생님을 만나고 건물주를 만나 임대차 계약서에 도장을 찍기까지는 그렇게 많은 시간이 걸리지 않았다. 하지만 작업실이라는 공간을 꾸미는 데 든 시간은 1년 몇 개월이 더 지난 지금까지도 계속, 조금씩 진행되고 있어 그 끝을 약속할 수 없는 상황이다. 김 선생님과 나는 둘 다 너무 바쁘고 먼 지역을 왕래해야 하는 상황이라 이 공간은 더욱더 천천히 조금씩 하나하나 변해 가고 있다.

사무실로 사용되었던 작은 공간의 내부에 있던 나무 칸막이를 제거하고 바닥과 벽을 칠했다. 하지만 그 외의 공간은 이전 모습 그

▲작업실 실내
◀작품을 위해 마을에서 구한 선박 부품

대로 유지하려 하였다. 묵은 먼지를 털어내고, 전기공사를 하고, 깨진 유리를 갈아 끼우고, 옥상으로 가는 철 계단을 만들고, 옥상에 안전 난간을 설치하고, 넓은 테라스에 작은 창고를 만드는 일들을 조금씩 천천히 진행했다. 그러는 중에 1층 공업사 사장님이 돌아가시고 공장 내부의 기계들이 다 처분되고 같이 일하던 아저씨도 다른 곳으로 새 일을 찾아갔다. 아저씨는 돌아가신 사장님의 고향 선배였고 가시기 전 소주를 한잔 하신 얼굴로 작업실로 찾아와 많은 얘기를 해 주었다. 새로 1층으로 이사 오신 하나정밀 사장님의 선반과 밀링, 용접기는 밤에도 돌아간다. 무척이나 바쁜 사장님은 못 하는 일이 없고 까다로운 문제점도 척척 해결하는 해결사다. 옆 건물 3층으로 이사와 몇 개월 지내다 다른 공간으로 가신 선용품 관련 사업을 하고 있는 키 큰 사장님은 여러 국가를 다니며 큰 사업을 했던 지난 일들과 배 내부의 구조 등에 관한 얘기를 해 주었다.

명성ENG 사장님, 한일프로펠러 사장님 모두 이곳이 뭐 하는 공간인지 궁금해한다. 간판도 없고 내부에는 잡동사니로 어수선한 이곳이 미술작가 작업실이라 불리고 있지만 이전에는 여기서 잠수장비 중 국내 최고의 머구리[1] 헬멧을 만들었다고 한다. 오리발, 수경 등이 그 말을 증명하듯 조금씩 남아 있다. 당시 회사 이름은 영

---

1. '멍에'의 방언, '보자기'의 방언, '부리망'의 방언, '개구리'의 함북 방언, '개구리'의 옛말, '악대'의 방언, '잠수부'의 방언 (출처_ 국립국어원, 분류_ 우리말 샘, 일본어 もぐる(잠수하다)를 읽으면 '모구루'라 발음되고, 여기서 유추하기도 한다)

도 대평동의 '대성잠수기'였다. 대성잠수기 사장님의 말에 의하면 그 당시는 유일하게 대성잠수기에서만 머구리 헬멧을 만들었고 미군들이 많이 사가기도 했으며 국내 대부분의 곳에서 대성잠수기 장비들을 사용하였다 한다. 대성잠수기로 운영을 계속하던 중 화재가 있었고 그 이후 사업은 중단되었다. 지금도 테라스 콘크리트 벽면에는 숯으로 변해버린 까만 나무기둥이 박혀 있는 것을 확인할 수 있다. 주물을 만들던 가마에서 불이 번진 것으로 추정된다. 홍콩의 해양박물관에도 대성잠수기의 헬멧이 전시되고 있을 뿐 아니라 여러 해양 관련 박물관에 전시되고 있지만 정작 사장님은 헬멧을 가지고 있지 않은 상황이라 전하신다. 작업실 3층 곳곳에는 그을음 등 화재의 흔적들이 그대로 남아 있다.

작업실 옥상으로 올라가 보면 자갈치와 용두산공원의 부산타워가 한눈에 들어오고 오후 2시가 되면 일엽식(一葉式)으로 도개되는 영도다리가 오른편으로 보인다. 무엇보다 바로 앞에 보이는 수리조선소에서 들려오는 다양한 소리는 이 마을의 상징이 되어 버린 오래전 아줌마들의 깡깡 망치 소리를 연상시키게 만든다. 지금의 대평동 소리는 예전 깡깡이 아줌마들의 망치소리와는 많이 다르지만, 지금 대평동의 아침을 열고 대평동의 산업들이 존재할 수 있게 해주는 소리이기에 대평동을 상징하는 소리, 생활의 소리라 할 수 있다.

1년 전부터 주기적으로 이 소리들을 채집하고 아카이브 하고 있다. 매번 국적, 크기, 종류가 다른 배들이 수리조선소로 올라와 수리되어 바다로 나가지만 그라인더 소리, 큰 망치소리는 변함없이 이 마을의 활동적인 상황을 알려주고 있다. 그리고 많은 공장들이 수리하는 배 내·외부에 부착되고 교체, 조립되는 부품들을 만들고 정비하기 위해 부산한 소리를 내고 있다. 이전에는 더욱 부산한 소리로 가득했을 것이다. 하지만 그 소리들을 소음으로 생각하는 사람들은 거의 없었을 것이다. 축제 장소에서 흘러나오는 큰 소리를 홍겹게 느끼듯 그 소리를 '삶을 유지하고 자식을 키우는'(전광표 작가 말 인용) 홍겨운 소리로 느꼈을 것이다. 이 작업실에서 1년 정도 주변의 공장 소리, 수리조선소에서 나는 깡깡, 위이잉, 쾅콱, 쉬이익, 툭툭 등의 소리를 들으며 지내온 나도 이 소리들이 소음이기보다 나를 이곳에 계속 머물게 하는 소리로 들려온다. 이 소리들이 들리지 않게 된다면 나는 다른 소리들을 찾아 떠나게 될 것이라 예상한다. 하지만 지금은 주변의 여러 사람들로부터 이곳의 이야기를 들으며, 수리조선소의 소리를 들으며 이곳의 한 구성원이 되어 나의 소리도 내고 있다. 깡깡소리가 들리지 않는 일요일에는, 바다 위를 유유히 나는 갈매기들마저도 소리의 공백을 채워주고 있다.

● 작업실 옥상 풍경

• 2017년 작업실에서 진행했던
네트워크 파티

깡깡이 오버씨 프로젝트 '바다를 건너는 사람들'

글/ **이대한**

깡깡이예술마을 사업단

***깡깡이 오버씨 프로젝트**

오버씨(OVERSEA)를 사전적 의미로 직역하면 '해외'라는 뜻이다. 바다 건너 해외의 아티스트들이 깡깡이예술마을에 대해 노래하고, 그림을 그리는 프로젝트라고 생각할 수도 있지만, 해외라는 뜻 자체보다는 서로 다른 장르의 아티스트들이 자신만의 경계를 넘어 하나의 주제로 협업하는 '작업방식'에 더 큰 가치와 의미를 둔 프로젝트이다. 그중에서도 음악과 비주얼 장르가 결합해 나름의 이야기와 방식으로 깡깡이마을을 재해석하였다.

떠나는 것은 떠나는 대로, 남는 것은 남는 대로 이유가 있지.

- 1950 대평동, 최백호

"어릴 적 옛 도선장이 있던 자리에서 손님들 배에 태워드리고 동전 받는 일을 하던 기억이 아직도 생생하네요."

사람마다 다양한 음악적 취향을 가지고 있겠지만 개인적으로 화려한 편곡으로 장식된 음악보다는 단출한 악기 구성으로 가수의 목소리를 돋보이게 하는 음악을 좋아한다. 악기 구성을 단출하게, 가수의 목소리만 돋보이게 한다는 것이 말처럼 쉽지 않은 이유는 그 가수가 평균 4분가량의 노래를 올곧이 소화할 만큼의 좋은 목소리와 특별한 감성을 가지고 있어야 하기 때문이다. 그러나 가수 최백호는 늘 불필요한 무대 구성은 배제한 채, 소박하고 정갈하게 무대에 오르고 이내 목소리 하나로 청중을 울리고 만다.

최백호에게 영도는 특별한 동네이다. 태어난 곳은 기장이지만 친척들이 영도에 살아 자주 오고 다녔는데, 무엇보다 1950년 자신의 아버지가 국회의원으로 당선이 된 곳이기도 하다.

"노래 제목을 '1950 대평동'으로 하는 것은 어떨까요. 6.25동란에 많은 피난민들이 대평동에 자리했고 제가 태어난 해이기도 하며, 저희 아버님이 영도에서 국회의원에 당선되신 해인지라 개인적으로도 인연이 많은 제목이 될 것 같습니다."

'부산에 가면', '청사포' 등 음악의 배경에 부산을 자주 등장시키는 최백호가 다시 한번 더 부산을 노래했다. 이번 노래에는 깡깡이 마을의 분위기와 너무도 잘 어울리는 경쾌한 트로트 리듬이 가미되었는데, 그가 평소 1950~60년대 정통 트로트의 가치를 다시 되살리고 싶어 했던 터라 그와 마을 모두에 의미 있는 작품이 되었다. 대평동이 수리조선업으로 호황이던 당시 상황을 떠올리게 해주는 서

정적인 가사로 깡깡이예술마을 주민들에게 특별한 추억을 선물할 것이다.

쇠퇴하고 낡았다고 해서 버리고 없애는 것이 아니라 그것이 가지고 있는 고유의 가치를 다시 살려내서 대중에게 새로운 풍경을 제시하고자 하는 '깡깡이예술마을'과 40년이라는 세월 동안 음악에 있어 꾸준히 자신만의 길을 걸어온 가수 '최백호'의 모습이 많이 닮은 것 같아 반가운 마음이다.

대평동으로 보내는 사랑의 편지
- 깡깡이블루스, 마크 스태포드(Mark Stafford)

"50년에 걸친 잃어버린 사랑에 대한 이야기를 최대한 단순하게 표현하려 노력했습니다."

수십 년을 같은 자리에서 성황과 쇠퇴를 반복하며 오랜 세월 견뎌온 대평동이지만, 외국인의 시선으로 이 마을을 바라본다면 어떤 모습으로 보일까.

마크 스태포드는 영국의 그래픽 노블 작가로 이전에도 주한영국문화원을 통해 '소네트 익스체인지' 등 다양한 협업 작업을 진행하였던 만큼 한국과도 인연이 깊다. 여기서 그래픽 노블이란, 만화와 소설의 중간형식으로, 문학성과 예술성이 강한 만화를 가리킨다. 햇볕이 뜨겁게 내리쬐던 7월의 어느 날, 부산의 더운 날씨를 미처 몰랐다는 듯이 더운 숨을 몰아쉬며 걸어오는 그를 만났다.

그는 무더운 날씨에도 불구하고 2주간 부산에 머물며 음식에서 역사, 풍경, 건축에 이르기까지 다양한 이미지들을 사진 속에 담아냈고, 영도와 관련된 설화들을 수집했다. 한국어를 전혀 하지 못하는 것을 굉장히 아쉬워하며 깡깡이예술마을을 대중에 알릴 수 있는 적합한 스토리를 창작해내기 위해 부단히 노력한 것으로 보인다.

'영도에 살던 사람이 육지로 나가 살게 되면 심술이 나 그 집안을 망하게 한다'는 영도 할매신의 설화를 매우 재미있어했고, 봉래산 정상에 올라 그녀에게 막걸리 한 잔을 바치며 부디 작품을 잘 마무리할 수 있도록 기원하기도 했다. 이미지가 강렬했는지 작가 본인만의 해석으로 할매신을 표현했고 이 그림은 책 표지에 쓰이게 된다.

별다른 대사가 나오지도 않지만 그림만 잘 보면 스토리가 이해가 될 만큼 쉽고 간결하게 표현했다. 우리가 쉽고 편하게 받아들일 수 있는 것은 그만큼 작가가 수백 번을 다시 생각하고 수정했다는 것이라 생각한다. 그렇게 노력하면서 작가가 우리에게 보여주고자 한 메시지는 무엇이었을까. 그 대답은 작가가 우리에게 남기고 간 말에서 엿볼 수 있다.

"이것은 사랑 이야기이지만 대평동에 보내는 사랑의 편지이기도 합니다. 그리고 제가 그곳에 있는 동안 만났던 모든 사람들에 대한 사랑의 편지입니다."

*마크 스태포드의 작품 전체는 부록에서 만나볼 수 있다.

여기 사람이 있다.

- 깡깡씨티 & 깡깡30세/Skanking On My Way,
배민기 & 스카웨이커스

"평범하게 사는 사람들의 이야기를 담고 싶었습니다,"

어느 날 깡깡이마을 한복판에 소리를 먹어버리는 무시무시한 괴물이 나타난다면?

만화적 상상력과 경쾌한 스카음악이 결합되어 재미있는 콜라보레이션 작품이 탄생했다.

만화를 담당한 배민기 작가는 2008년 '모스키토 신드롬'으로 데뷔하여 '돗가비의 나라', '쌈닭', '몽당분교올림픽' 등 늘 새롭고 창조적인 스토리를 만들어내며 그 실력을 인정받고 있다.

이번 깡깡이예술마을 작업에서는 소리를 먹어버리는 괴물이 나타나 마을을 쑥대밭으로 만들지만 마을 사람들이 힘을 합쳐 괴물에 맞선다는 참신한 줄거리로 또 다른 재미를 선사한다. 특별한 히어로가 아니라 '평범한 사람들'이 힘을 합쳐 괴물에 맞선다는 설정이 눈여겨볼 만하다. 사람을 향한 작가의 따뜻한 시선을 엿볼 수 있다.

"리듬에 맞춰 우리의 합을 맞춰서, 춤을 추면서 팔을 더 세게 흔들어"

배민기 작가와 협업을 진행한 스카웨이커스는 올해로 11년째 부산에서 활동하고 있는 8인조 밴드이다. 작년에 정규 3집을 발매하고 부산국제록페스티벌을 비롯해 여러 무대에 오르며 여전히 왕성한 활동을 선보이고 있는 부산의 대표 밴드다.

스카음악이란, 자메이카의 전통음악과 미국의 R&B가 혼용된 장르로써 주로 관악기를 활용하여 흥겨운 리듬을 선보이는 것이 특징이다. 크고 작은 집회 무대에도 오를 만큼 사회문제에도 목소리를 거리낌 없이 내어왔던 스카웨이커스는 이번 작업을 통해 조선소 노동자들에 대해서도 다시 생각해보는 계기가 되었다고 전했다.

스카웨이커스의 노래 '깡깡30세/Skanking On My Way'는 배민기 작가의 만화 '깡깡씨티'에서 사람들이 괴물을 물리치기 위해 망치로 '깡깡' 소리를 내는 모습을 형상화한 노래로, 마을 분위기와 잘 어울리는 트로트 멜로디가 앞부분에 나오다가 후반부에 스카 리듬이 나오며 두 장르가 하나로 매끄럽게 이어지는 곡이다. 이 노래의 반전만큼이나 대평동 또한 극적인 반전으로 가득한 곳이다. 만남과 이별, 기쁨과 슬픔, 좌절과 용기, 소란과 적막이 마구 교차되는 곳이 바로 대평동이니까.

*최백호와 스카웨이커스의 음원은 각종 온라인 음원 스트리밍 사이트에서 청취가 가능하며, 이들과 협업한 배민기와 마크 스태포드의 작품 영상도 온라인을 통해 시청이 가능하다.

최백호 Baekho Choi / Korea

1950년 부산 기장 출생. 1977년 〈내 마음 갈 곳을 잃어〉라는 곡으로 데뷔했다. 이 곡이 실린 그의 데뷔 앨범이 3개월 만에 6천 장이 판매되면서 가요계에 파란을 일으키기도 했다. 누구도 따라 할 수 없는 독특한 창법으로 연이어 낸 앨범이 히트를 하며 정식 데뷔 1년여 만인 1978년에는 그는 톱가수 반열에 올랐다. 1995년 삶의 허무와 지나간 시간에 대한 미련을 담은 <낭만에 대하여>라는 곡이 많은 대중들의 사랑을 받기도 했다. 현재 SBS라디오 "최백호의 낭만시대"를 진행하고 있다.

스카웨이커스 SKA WAKERs / Korea

자메이카 음악을 하는 스카·레게밴드(Ska&Reggae Band), 자메이카의 아픈 역사와 애환이 녹아있는 스카 리듬은 우리 민족의 정서와 많이 닮아있다. 그들이 흥겨운 리듬 라인 위에 짜릿하고 시원한 혼섹션을 얹으면 사람들은 저절로 춤을 출 수밖에 없다. 자메이칸 리듬을 한국적 정서로 풀어내고, 삶의 희로애락을 신명으로 승화시키는 이들의 음악은 우리 마음을 두드리며 다가온다.

마크 스태포드 Mark Stafford / United Kingdom

영국 런던을 기반으로 활동 중인 만화가. 스태포드는 작품의 기획 및 서사, 대사 구성 단계에서부터 저명한 시인, 소설가 등과 긴밀히 협업하는 작가로 널리 알려져 있으며, 작품 〈The Man Who Laughs〉(2013) 출간 이후 전례 없는 호평을 받기도 했다. 작가 특유의 그로테스크한 그림체로 서사를 전개하며, 캐릭터가 예상치 못한 국면을 맞을 때 떠오르는 불안한 감정들을 섬세한 그림체와 색감을 통해 포착한다.

배민기 Mingi Bae / Korea

삼별초, 치우천왕, 사도세자 등 사극 만화만 그리다가 나이 먹어버린 비인기 웹툰 작가. 그 와중에 놀랍게도 어느덧 10년 차 웹툰 작가이다. 〈몽당분교 올림픽〉이란 웹툰이 영화로 제작된다고는 하지만 지갑이 두꺼워지지 않는 가난한 웹툰 작가지만 그는 오늘도 연재할 수 있는 웹툰이 있어 행복하다. 2008년 웹툰 〈모스키토 신드롬〉으로 데뷔했으며 2013년 제1회 부산스타만화공모전에서 대상을 수상한 바 있다.

영도의 도시재생과 주민의 삶, 그리고 과제

글/ **김두진**

깡깡이예술마을 사업단장, 영도문화원 사무국장

영도의 도시재생과 대평동

지난 2017년 12월 대통령 공약사업으로 국토교통부가 공모한 도시재생 뉴딜사업에 봉래2동 '베리베리굿 봉산마을 복덕방'사업이 선정되어 142억 원의 국고보조금이 지원 확정되었다. 이로써 영도구의 도시재생 사업은 영도 관문지역과 뉴타운 해제지역을 포함해 11개 마을 20개 사업[1] 총 529억 원 규모의 예산으로 진행되고 있다. 영도구 전역이 도시재생 대상지라 할 수 있을 정도인데, 그만큼 영도지역이 그동안 얼마나 낙후되어 있었는지를 역설적으로 보여준다. 이러한 사업을 통일적이고 원활하게 수행하기 위해 영도구청에서는 지난 2017년부터 '도시재생추진단'을 새로이 구성했다. 도시재생추진단은 경쟁력 있는 '영도의 가치'를 재창조하고 지역의 특성이 반영되고 주민이 행복한, 사람 중심의 도시재생 사업을 진행하기 위해 노력하고 있다.

영도구에서 진행되고 있는 도시재생 사업 중에서 깡깡이예술상상마을 조성사업은 도시재생추진단과 영도문화원, 그리고 대평동마을회와 플랜비문화예술협동조합이 추진하고 있으며, 대상 지역은 대평동 깡깡이마을 일원이다. 대평동은 우리나라 근대 조선산

---

1. 흰여울문화마을만들기(영선2동), 깡깡이예술상상마을조성(대평동), 신선도래샘마을(신선동), 영도대통전수방(봉래1동), 베리베리굿 봉산마을복덕방(봉래2동), 새뜰사업 해돋이마을(청학1동), 다복동패키지사업(영선1동, 청학1동, 동삼1,2,3동)

업의 발상지이며 현재도 수리조선산업이 활발히 이루어지는 곳이다. 깡깡이 아지매로 대표되는 억척스러운 우리 어머니들의 모습과 마을 곳곳에 널려져 있는 선박 부품들-그 자체가 이미 훌륭한 예술작품-조선소나 공업사에서 들려오는 작업 소리는 전국 어디서도 보고 들을 수 없는 이 마을만의 특색이다. 그 모습은 바다를 배경으로 펼쳐지는 치열한 삶의 현장인 동시에 항구도시 부산을 상징하는 장면들이기도 한다.

영도문화원에서는 영도 지역에 산재한 역사, 문화자원들을 '어떻게 현재화할 것인가?'를 고민해 오고 있는데 그 대표적인 곳이 대평동이다. 2013년부터 대평동 수리조선소길을 '깡깡이 길'이라 명명하고 지역 자원조사, 스토리텔링 지도 제작, 절영도 투어 등을 통해 깡깡이마을을 전국에 소개해왔다.

영도 도시재생의 방향

영도문화원에서는 그동안 대평동을 비롯해 흰여울문화마을 등을 대상으로 도시재생 사업을 진행하며 '주민의 일상생활 속에서의 변화가 중요'하다는 사실을 알게 되었다. 그러기 위해선 어떤 노력이 필요하며, 무엇을 목표로 해야 하는가를 몇 가지로 정리해보면 다음과 같다.

첫째, '주민 참여'가 아닌 '주민 주도'가 필요하다.

도시재생 사업들은 대부분 마을에 센터를 짓고 주민들이 이를 활용해 소득을 올리는 마을 공동작업장으로 사용하고 있다. 하지만 마을 주민들의 참여 부족으로 또 다른 공·폐가를 양산하고 있다는 지적을 받고 있다. 이에 대한 반성으로 좀 더 많은 주민들을 참여시켜야 한다고 평가하고 있으나, 주민들을 사업에 필요한 대상으로만 인식하는 태도는 경계해야 한다. 주민참여율을 높일 것이 아니라 주민들이 사업을 직접 끌고 갈 수 있도록 하는 장치를 마련해야 한다.

둘째. 주민의 일상을 변화시키기 위해서는 '조직된 주민'의 힘이 필요하다.

수많은 난관들은 결국 주민들이 스스로 극복해 나가야 하기 때문이다. 그러기 위해 마을활동가는 주민들 속에서 리더를 발굴하고 주민조직이 건강하게(배타적, 폐쇄적인 형태는 지양) 지속될 수 있도록 민주적인 의사결정 구조를 마련하는 활동을 지원해야 한다. 주민들 또한 스스로 마을의 문제들을 인식하고 이를 해결해 낼 의지를 모으는 것이 필요하다. 공동체 조직의 확대는 도시재생에 있어 필수이며, 주민 스스로가 자신들의 공동체 조직을 신뢰하는 것이 무엇보다 중요하다. 이와 함께 거버넌스 체계 확립이 이루어져야 한다. 활동가, 마을 주민 그리고 이를 지원하는 행정조직(시·구)이 협업해 주민 조직이 힘을 발휘할 수 있는 구조를 만들어야 한다.

셋째. '총체적 관점'에서 도시재생 사업을 추진해야 한다.

도시재생 사업은 결국 대상 지역의 주민들이 스스로의 힘으로 낙후된 마을 환경을 바꾸고 나아가 삶의 만족도를 높이는 것이다. 여기서 중요한 것은 주민 조직의 노력을 뒷받침할 행정조직의 태도와 마인드다. 도시재생 사업은 단순한 주거환경정비 같은 물리적 재생이 아니라, 주민의 일상을 구성하는 문화·예술·교육·복지·환경 등 인간 보편적 삶의 총체적인 관점에서 진행할 필요가 있다. 그래서 행정부서 간 칸막이 허물기가 매우 중요한데, 도시재생추진단만이 아니라 문화, 교육, 주민생활 등 전 부서가 협업해야만 정말 주민에게 득이 될 수 있는 결과를 거둘 수 있다.

넷째. 주민 일상에 변화를 가져다주는 것은 경제 활동만이 아니다.

대다수의 도시재생 사업들은 공동체의 자립 혹은 지속가능성을 위해 경제 활동(마을기업, 협동조합 등)을 필수적으로 요구하고 있다. 이는 공동체의 지속가능성이 경제적 활동에만 좌우되는 것인가 하는 회의를 갖게 한다. 주민들이(혹은 마을공동체) 만드는 상품 내지 서비스는 (물론 그러하지 않은 경우도 많지만) 전문 업체에서 생산하는 것에 비해 질적으로 좋다고 할 수 없는 경우가 대다수이고, 수익성도 그다지 높지 않다. 오히려 수익을 위한 경제 활동 자체가 주민들 간에 불신을 조장하거나, 운영 부진으로 화합이 깨지는 사례들이 종종 목격되고 있다. 공동체가 자립하고 주민 조직이 더욱 공고해질 수 있는 사업(또는 프로그램)이 있는지 고민해 볼 필요가 있다. 마을은 사업 단위가 아니라 사람과 사람의 관계들이 실타래처럼 얽혀있는 곳으로, 관계를 회복하는 장소라는 점을 잊어서는 안 된다.

다섯째. 주민 또는 시민의 문화적 역량을 끌어낼 수 있는 '문화적 도시재생'이 필요하다.

"세계일류도시가 아니라 세계의 발전에 기여하는 도시 만들기"라는 문구를 되새겨볼 필요가 있다. 그러기 위해선 문화적 역량을 가진 주체들과 도시재생 생태계 구성원의 협업이 필요하다. 시민 한 사람 한 사람은 마치 살아있는 예술 작품으로, 도시를 만들고 함께 도시의 문화를 창조해 나가는 활기찬 구성원이다. 그런 시민들의 창의력을 북돋아 그들이 가진 '문화적 잠재력'을 일깨울 수 있도록 한다면-문화역량제고, 문화예술교육, 문화공간확대 등-그 힘은 '창조적인 도시 만들기'의 가장 큰 원동력이 될 것이다.

여섯째. 어떤 마을을 만들 것인가?의 결론은 주민들의 생활 속에서 답을 찾아야 한다.

관광객이 많이 찾는 마을을 만들 것인가? 삶의 터전으로서 마을을 만들 것인가? 결국 결론은 그곳에서 생활하고 있는 주민들이 내려야 할 것이며, 그들과의 충분한 협의 과정을 통해 만들어가야 할 것이다.

끝으로 주민의 삶을 반영한 부산만의 마을 만들기와 도시재생이 필요할 것이다.

거대한 시설(창고, 공장, 산업단지 등)을 활용한 유럽, 일본의 도시재생 사업에 대비되는 원도심권 생활형(산복도로, 달동네, 판잣집)의 도시재생 사업에 대한 차별화된 고민이 필요하다. 도시재생 사업이 개인의 삶에 큰 영향을 줄 수 있는 만큼 도시의 정체성이 잘 드러나는 부산만의 마을 만들기와 도시재생 모델은 분명 주민의 생활 속에서 찾아야 할 것이다.

부록

1. 대평동, 내 문학의 마르지 않는 우물_ 정우련

2. 그래픽노블 <깡깡이블루스>_ 마크 스태포드(Mark Stafford, 영국)

CONVER-

대평동,
내 문학의 마르지 않는 우물

글/ **정우련**

소설가. 2000년 부산소설문학상, 2004년 부산작가상 수상.

내 고향 영도구 대평동은 부산의 여타 지역들과는 전혀 다른 입지 조건을 갖고 있다. 섬이라기에는 영도다리가 가까이 있어서 섬 같은 느낌이 들지 않고, 바닷가라지만 그림같이 아름다운 풍경과는 거리가 먼 곳이다. 곱게 핀 해당화도 없고, 아득한 수평선도 없고, 물새 발자국이 찍힌 백사장도 없다. 어릴 적 이곳은 갈매기 울음소리가 아니라 하루 종일 깡깡이 망치소리가 끊이지 않았고, 수리조선소에서 날아오는 녹을 피해 방안에서 흰 교복 블라우스를 말려야 했고, 해당화는커녕 나무 한 그루, 풀 한 포기 보기 힘든 그런 곳이었다. 자연이 주는 서정적 색채를 지운 바닷가에는 수리를 기다리는 낡고 녹슨 선박들이 웅크리고 있었다. 우리 동네 사람들은 대부분이 동네 가장자리에 밀집해있는 이 수리조선소에서 일했다.

녹물과 기름때 묻은 작업복 차림의 노동자들이 주인인 곳. 소란하고 거칠지만 그만큼 활기차고 의욕적인 동네였다.

나는 대평동에서 태어나 초, 중, 고등학교를 졸업했다. 대통령 시해 사건이 있던 1979년 겨울, 대평동 2가 81번지를 떠날 때까지 이곳에서 내 잔뼈가 다 굵었다.

집 앞 골목을 나서면 내가 수도 없이 걸어 다녔던 두 가지 길이 나온다. 눈 감고 걸어도 대충 어디에 무엇이 있었는지 짐작되는 그 길들. 하나는 마을 중앙로이고 또 하나는 물양장 길이다. 초등학교 때는 매일 중앙로를 따라 학교에 다녔다.

중앙로는 그저 어느 도시에서나 흔히 볼 수 있는 익숙한 마을 풍경이 있는 길이다. 향란이네 세탁소를 지나고, 대평 파출소를 지나, 농구선수 민화네 여인숙집, 문방당 문방구, 어릴 때는 명절에

나 한 번씩 갔던 목욕탕인 풍천탕, 서울 미장원, 담뱃가게인 금남상회, 5, 6학년 때 우리 반이었던 영순이네 영홍반점, 대평시장, 지금은 고인이 된 단짝 친구 덕선이네 집이랑 붙어있던 남성교회, 그리고 항구극장을 지나 구 전차종점이 있는 버스 길로 연결되던 정답던 그 길.

물양장 길은 통통배가 다니는 도선장을 지나 대평철공소, 선박수리부품을 파는 각종 공업사들이 즐비하게 늘어서 있다. 언제나 화공약품과 용접가스냄새가 뒤섞인 매캐한 냄새가 났다. 어쩌다 가스통이 터지기라도 하면 질식할 것 같아 정신없이 뛰어달아나야하는 곳이기도 했다.

중앙로와 물양장 길을 가려서 다니기 시작한 것은 사춘기가 되면서였다. 초등학교 때는 중앙로로 다니는 게 당연했는데 조금 커서는 물양장 길로 돌아다녔다. 내가 누구네 손녀인지 누구네 조카인지를 아는 사람들과 마주치는 게 불편했다. 물양장 길은 내게 뒷길 같은 곳이었다. 철제 마스크를 쓰고 산소용접을 하거나 철공소나 공업사들에서 작업도구들을 가져 나와 길바닥은 늘 어지러웠다. 그래도 아는 사람이 아무도 없어서 편했다. 파란 불똥이 튀면서 쇠와 쇠가 붙는 장면은 얼마나 경이로운가. 학교가 대신동에 있던 고등학교 때는 도선장에서 배를 타거나 영도다리를 건너가야 해서 굳이 중앙로로 갈 이유가 없었다. 길을 가려 다닌 건 순전히 내 열등감 때문이었다.

나는 조부모 밑에서 컸다. 초등학교 입학 할 때 엄마와 헤어져서 성인이 될 때까지 생이별이었다. 전포동에 살던 아버지와는 가끔 볼 수 있었지만, 학교에 가면 아이들이 입에 달고 사는 "우리 엄마"가 없는 대평동이 늘 외롭고 쓸쓸했다. 자연히 말이 없고 내성적인 아이로 자랐다. 세 살 아래인 남동생은 걸핏하면 엄마를 찾으며 울었다. 동생이 징징거리는 모습이 보기 싫어서 나는 남 앞에서는 절대로 울지 않는 아이였다. 길을 가려 다닌 것은 내 못난 모습을 들키지 않으려는 안간힘이었다.

바닷가 아이들의 그 태생적 천진함이 없었다면 내 유년의 상처와 결핍을 어떻게 견딜 수 있었을까. 대평동 아이들은 못 말리는 개구쟁이들이었다. 들여다보면 다들 그만그만한 아픔을 가지고 있었지만 아이들은 아이들만의 온전한 세상을 만들 줄 알았다. 우리 동네는 골목을 나서면 충남슈퍼가 있고 그 바로 앞이 옛 다나까 조선소-현재 우리 조선소-의 울도 담도 없는 앞마당이 나타날 정도로 대평동에서도 제일 끝자락이었다. 조선소 앞은 바로 바닷가와 맞닿아 있었다. 아이들이 어울리면 조선소 마당에 쟁여져 있던 통나무 더미가 일시에 놀이터로 변했다. 우리는 그 위에 올라가 노느라 시간 가는 줄 몰랐다. 처음에는 조심조심 발을 내딛던 아이들이 나중에는 다람쥐처럼 통나무 위를 숫제 날아다녔다.

여름날이면 남자아이들은 수리선을 띄우는 도크 밑에서 하루 종일 자맥질하며 노느라 얼굴이 까맣게 탔다. 바다 수면에는 수리선에서 흘러나온 기름이 둥둥 떠 있었다. 그나마 바닷속은 연녹색의 해초들 사이로 물고기들이 떼 지어 다녔다. 복어는 큰 물고기들에게서 새끼를 보호하기 위해 얕은 바다에 알을 낳았다. 어른 엄지손가락만 한 새끼 복어들이 줄지어 다녔다. 아이들이 건드리면 위협하느라 그러는지 하얀 배에 바람을 빵빵하게 부풀려서 발랑 뒤집었다. 그 모습이 그럴 수 없이 앙증맞았다. 새끼 복어를 고무신에 담아와서는 손가락으로 찌르고 무람없이 괴롭히던 개구쟁이들. 그것도 지루해지면, 여자아이들의 등 뒤로 새끼복어를 집어넣고는 시침을 뚝 떼고 도망쳤다.

자갈치시장이 마주 보이는 보세창고 앞 바닷가는 물이 맑고 깨끗해서 수영하기에 좋았다. 하지만 밀물 때는 수심이 깊어서 익사사고 위험이 있어서 수영금지구역으로 지정된 곳이었다. 하긴 금지구역 따위에 겁먹을 거라면 대평동 아이가 아니었다. 그것은 애연가에게 흡연 경고문 만큼의 효력도 없었다. 옷을 훌훌 벗어던져 놓고 성급히 바다에 뛰어들면 그만이었다. 여자아이들은 가까운 바닷가에서, 남자아이들은 먼 곳까지 나가기를 두려워하지 않았다. 자갈치까지 헤엄쳐 갔다 왔다는 아이도 있었다. 직접 보진 못했지만 그 아이들이 뭔들 못했을까 싶다.

영도다리 밑에서 여객선이 나타나면 일시에 환호를 지르며 헤엄쳐나가던 사내아이들. 햇살 위로 튀어 오르던 아이들의 함성이 지금도 귀에 쟁쟁하다. 큰 여객선이 지나가며 생기는 파도에 맞추어 물개처럼 파도타기를 하던 모습. 더 큰 파도가 올수록 신명을 냈다. 파도타기를 하면서도 여객선 승객들에게 손을 흔들던 그 아이들은 모두 어디로 가버린 걸까.

물속에서 정신없이 놀다 아무 시름없이 물 밖으로 나오면, 옷이며 신발이 보이지 않기 일쑤였다. 언제 출몰했는지 순경 아저씨들이 모조리 걷어가 버리고 없었다. 온몸에 물을 뚝뚝 흘리면서 창

피를 무릅쓰고 사거리에 있는 대평 파출소까지 걸어가야 했다. 가서도 두 손 들고 벌서고 훈계까지 듣고서야 가까스로 옷을 받아올 수 있었다. 그래 봐야 하룻밤 자고 나면 벌 선 기억 따윈 까맣게 잊어버리고 다음날이면 또 바닷가로 달려갔다. 찌는 듯한 땡볕이 내리쬐는 여름날, 코앞에 둔 바다를 보고 무슨 수로 그 유혹을 물리칠 수 있었으랴. 이번에는 옷을 숨겨놓고 맹렬하게 달려와서 도움닫기를 하고는 그냥 바닷물 속으로 풍덩! 몸을 날렸던 그 악동들. 순경 아저씨들과 아이들의 어지러운 술래잡기. 여름방학 내내 파출소 한 쪽 구석에는 흰 팬티만 입은 채 두 손 들고 벌서는 아이들을 유리창 너머로 볼 수 있었다.

아이들이 순경 아저씨의 눈을 피해 노리는 것이 또 하나 있었다. 그것은 바로 물류 창고에 보관해둔 오징어가 나가는 트럭이었다. 오징어 트럭이 나가는 날은 동네 잔칫날이었다. 오징어를 실은 트럭이 몇 대씩 줄지어 나가면 동작이 날쌘 아이들이나 중 고등학생쯤 되는 오빠들이 트럭 짐칸에 잽싸게 올라탔다. 그러고는 묶여 있는 마른오징어 뭉치를 정신없이 빼내서 땅바닥으로 집어 던졌다. 트럭이 삼거리에 있는 파출소를 지나칠 때쯤에 모두 뛰어내렸다. 감쪽같았다. 지금도 궁금한 것은 그때 그 운전기사들의 행동이다. 몇 대의 트럭이 지나가노라면 앞차의 짐칸에 뛰어올라 오징어를 훔치는 아이들을 뒷 차의 운전기사는 분명히 보고 있었을 것이다. 그런데도 그저 묵묵히 운전을 했을 뿐 누구도 아이들을 제재하거나 붙잡지 않았다. 아이들이 다칠까 봐 염려하는 것처럼 트럭을 최대한 천천히 몰기까지 했다. 마치 동네 아이들에게 오징어를 마음껏 가져가라고 방조하는 듯 했다. 우리는 그 마음 넉넉한 어른들 덕분에 가난한 시절의 간식으로 훔친 오징어를 별 죄책감도 없이 이가 아프도록 씹어먹었다.

아이들에게는 그 좁은 골목길도 천국이었다. 우리가 함께 했던 놀이들은 시마차기(돌차기), 비석치기, 다망구(술레잡이), 고무줄뛰기, 구슬치기, 딱지치기, 팽이치기, 오자미, 실뜨기, 쎄쎄쎄 등이었다. 초등학교 6학년 때 골목길이란 제목의 동시를 써서 개교기념일에 발행된 학교 신문에 실린 적이 있었었다. 얼마나 우쭐했는지 모른다.

지금도 그 골목 안에 들어서면 정답던 얼굴들이 거짓말처럼 하나 둘씩 떠오른다. 한 골목 안에서 성인이 되도록 함께 살았던 이웃들. 이젠 꿈속에서조차 나타나지 않던 그 얼굴들이 앞다투어 튀어나온다. 집안이 환히 들여다보이게 열려있던 대문. 툇마루에 앉아 화투점을 치느라 화투장을 가만가만 뒤집다 고개를 드는 옆집 학근이네 할머니. 눈이 마주치면 가만히 눈가에 주름을 잡으며 웃으신다. 옛 우물이 있던 자리. 지금은 시멘트로 막아버려서 흔적없이 사라져버리고 없다. 우리 집 현관문 바로 오른쪽에 나무로 지붕까지 세워져 있던 그 공동우물. 새벽부터 아낙들이 부지런히 물을 길러왔다. 당시에는 개인 수도가 없었다. 마을 사람들은 그 공동우물 물을 길어서 밥을 짓고 식수로 썼다. 우물에 와서 빨래까지 해갔다. 물동이에 물을 찰랑찰랑 받아놓고도 동네 아낙들은 얼른 자리를 뜨지 않는다. 무슨 이야기엔가 열중하고 있다. 골목 안에 사는 내 또래 아이가 제 키만 한 물동이를 머리에 이고 아슬아슬하게 걸어간다. 바닷가에서 헤엄치고 온 아이들이 짠물을 씻어내느라 두레박으로 물을 길어 머리에 뒤집어쓴다. 물은 얼음처럼 차다.

"으으 참아라."

아이들이 부르르 진저리를 치며 깔깔거린다.

"박치기왕 김일하고 주걱턱 이노키가 붙으면 누가 이기겠노."

"그거야 당여이 김일이지."

"이노키도 역도산 제잔데 그래 만만하게 보면 안 되거든. 내기하까. 나는 무승부에 딱지 100장 건다."

"와 진짜가. 나는 김일이 박치기에 다마 100개 걸게. 낼 저녁에 광주네 집에 모이자."

아이들 얼굴에는 기대와 설렘이 가득하다.

골목 안에 TV 있는 집이 두 집인가 세 집쯤 되었다. 박치기왕 김일의 경기가 있는 날이면 아이들은 광주네 집으로 몰려갔다. 광주네는 우리 옆집인 학근이 할머니집에 세들어 살았다. 주인집에는 없는 TV였다. 외항선원인 광주 아빠가 광주 모자를 위해 사주고 갔다. 광주는 취학 전이었다. 저보다 큰 형이랑 누나들이 와서 함께 TV 보는 걸 그렇게 좋아할 수가 없었다. 광주 엄마도 아이들에게 인색하게 구는 법이 없었다.

김일은 그 시절 국민적 영웅이었다. 사람들은 박치기 하나로 그 덩치 큰 외국 선수들과 싸워서 이기는 김일에게 열광했다. 김일의 승리는 곧 한국인의 자존심이었다. TV앞에 모여앉은 사람들은 온 마음을 다해 박수치고 환호하며 김일을 응원했다. "줘이라 줘이라"하며 주먹을 내지르며 흥분하던 광주 엄마는 김일의 열혈 팬이었다.

광주 엄마는 아주 뜨거운 사람이었다. 외항선원인 남편에게 사흘들이 편지를 쓰는가 하면 광주도 얼마나 잘 거둬 먹이는지 뽀얗게 살이 올랐다. 게다가 통통배 타고 남포동 나가서 춤추고 온다는 소문도 있었다. 어느 날, 학교 갔다 와서 우물가에서 세수를 하는데 동네 아낙들이 입방아를 찧고 있었다.

"아이고 그런 난리가 없더라. 광주 아빠 배 들어온 줄도 모르고 광주 엄마가 춤추러 갔다가 잽히와가 머리카락 다 짤리고. 광주는 엄마야고 울고. 말또 마라. 일부러 배 들오는 날짜를 안 알렀다데. 그러이 딱 걸렀지머."

동네 아낙이 목소리를 낮춘다.

"춤바람이 다 머꼬. 서방은 먼바다 나가가 고생하는데 깡까이는 못 할망정, 허파에 바람만 잔뜩 들어가꼬."

다른 아낙이 광주 엄마를 성토한다.

"한창 피 끓을 때 아이가. 젊디젊은 기 지도 맨날 독수공방하자이 외롭지."

동네 아낙이 한숨을 폭 내쉰다.

사람 사는 동네가 어디든 달랐을까. 대평동 2가 81번지에서도 자고 나면 크고 작은 일들이 심심찮게 일어났다. 그 좁은 골목 안이 마치 세상의 축소판이나 다름없었다.

어느 해, 계주가 야반도주하는 바람에 골목 안이 발칵 뒤집히는 사건도 있었다. 계는 그 시절 서민들의 공공연한 저축 수단이었다. 계주는 평범한 40대 주부였다. 나보다 한 학년 위인 아들과 함께 우리 골목 안에 살다가 항구극장 근처에 2층집을 사서 이사했다. 이사한 계주 집에 할머니 심부름을 간 적이 있었다. 우리가 우물가 옆집에 살 때, 할머니는 밀주를 만들어 팔았다. 물을 하나도 안 탄 막걸리를 전내기라고 하는데, 할머니 심부름으로 이사한 계주 집에 전내기를 갖다 주러 갔었다. 계주 집 현관문을 두드렸더니 아들이 문을 열었다. 담배 연기가 가득했다. 여자들이 여럿이 모여 화투치는 소리가 왁자했다. 아들은 어미가 화투 치는 장면을 들켜서 민망했던지 멋쩍어했다. 전내기를 건네주고 돌아오는데 기분이 찜찜했다. 계가 사달이 난 것은 바로 그즈음이었다. 당시 골목 안의 한 집 건너 한 집에서 초상집 맞짝으로 곡소리가 났다. 우리 할머니도 필경 이자 불려준다는 소리에 혹해서 돈을 맡겼을 터였다. 할머니는 방바닥을 치며 울다가, 허공에다 대고 헛웃음을 지었다가, 숫제 실성한 듯 보였다. 할머니가 담근 밀주 맛은 인근에 소문이 나 있었다. 수리조선소나 보세창고 직원들이 단골이었다. 할머니는 머리에 흰 끈을 질끈 동여매고 드러누워 있다가도 술손님들이 오면 언제 그랬냐는 듯이 벌떡 일어났다. 술손님들이 돌아가면 두통을 달래느라 뇌신 가루를 입안으로 털어 넣고 이불을 뒤집어 썼다. 공연히 죄 없는 할아버지께 짜증을 부렸다. 세상에 호인이었던 할아버지는 그저 혀만 끌끌 찰 뿐이었다. 쌀이 귀하던 시절, 막걸리 빚는 일은 불법이었다. 관 몰래 빚는 술이라서 밀주라고 했다. 어쩌다 파출소에서 밀주단속반이 나오면 할머니는 술지게미를 숨기느라 혼비백산했다. 나한테도 순경이 물으면 밀주 같은 거 안 담근다고 거짓말을 하라고 단도리를 했다. 할아버지는 진작 퇴직하시고 경로당에서 소일했으므로 경제력이 없었다. 할머니가 당신하고 피한 방울 안 섞인 할아버지 피붙이인 우리 남매를 맡아 키웠다. 한글도 모르는 문맹이었던 할머니는 벽에다 외상술 작대기를 그어가면서 장사를 했다. 할머니가 아는 유일한 글자가 바를 정 자였다. 외상이 현찰보다 더 많았던 밀주를 팔아서 돈이 얼마나 된다고. 그 안타까운 돈을 몽땅 날려버렸던 것이었다.

깡깡이 해서 번 뼈아픈 돈을 떼인 이웃도 있었다. 돈을 떼인 계원들이 백방으로 계주를 찾아다녔다. 계주의 남항동 집이며 친인척들 집을 샅샅이 뒤지고 아들 학교까지 찾아갔다고. 모두 허사였지만. 금방이라도 무슨 사달이 날 것 같던 골목 안이 그럭저럭 잠잠해지고, 그 사건도 차츰 잊혀져 가고 있었다. 계주가 대평동에 나타났단 소문이 들린 건 그즈음이었다.

"와 그 뱅여시를 그냥 놔줬던고. 내가 그 돈을 생각하면 지금도 살이 벌벌 떨린다. 그기 어떤 도이고. 어깨가 뿌사지도록 깡까이 망치 뚜디리가 벌은 돈 아이가. 사글세라도 면해볼라꼬 한 푼 두 푼 모았는데 그걸 홀랑 들고 야반도주를 하는 기 그기 인가이가. 머리채라도 끌꼬 와가 우물물이라도 한 박재기 퍼부아뿌고, 담은 얼마라도 받아내야지."

안 골목에 살던 깡깡이 하던 내 친구 경숙이 엄마 목소리가 들린다.

"꿈 깨라. 보니까 뱃삯이 없는지 도선장 매표소 앞에서 꾸물대고 있더란다. 덕희 아부지가 뱃삯을 대신 내줏다는데 말하모 머하노. 입만 아프제. 행색이 말이 아이더란다. 말라가 눈이 푹 꺼진 기 사흘에 피죽도 한 그륵 몬 문 얼굴이더라는데 뭐. 병색이 완연해가

첨에는 얼른 몬 알아바딴다."

이웃 아낙이 고개를 절래절래 흔든다.

"그 많은 돈은 다 어짜고 그 꼬라지가 됐다더노."

"벌받은 기지 머. 요새는 죄지으면 당대에 받는다 안하나."

"알고보면 그 행님도 돈은 좀 있었는가 몰라도 아들 하나 델꼬 혼자 산다고 고생했지. 아이고 그리 귀신같이 내뺐으마 어데 가서 잘 살기라도 하던가."

금방이라도 계주에게 달려갈 듯 하던 경숙이 엄마가 목소리를 낮춘다. 한때는 형님 동생 하던 살가운 이웃이었다고 계주 걱정까지 하는 게 나로서는 이해할 수 없었다. 할머니는 쓰다달다 아무 말이 없었다. 비오는 날을 좋아하던 내 친구 경숙이. 경숙이가 무슨 비오는 날의 낭만을 알았을까. 비가 와야 엄마가 깡깡이를 쉬게 된다던 아이였다. 경숙이를 보면 참 신기한 게 있었다. 아무리 멀리서 봐도 제 엄마를 알아보는 것이었다. 깡깡이 아줌마들 복장은 대개 똑 같았다. 점심시간에 여럿이 몰려 나오면 마치 중공군이 이동하는 것 같았다. 작업복 차림에 얼굴을 수건으로 가리고 가면 누가 누군지 알 수 없었다. 그런데도 경숙이는 먼발치에서 보고도 자기 엄마를 잘도 알아냈다. 우리랑 놀다가도 깡깡이 복장을 한 엄마가 지나가면 슬쩍 고개를 돌리거나 아예 숨어버렸다.

"우리 경숙이 아부지는 안주 내가 계돈 띠인 거 모른다. 알면 그 쌍질에 얼마나 지랄하겠노. 맞아죽는다. 경숙이가 미술시간에 크레파스 사가야 된다는데 그거 하나를 못 사주고 살았다 내가. 맨날 짝지꺼 빌려 썼다고 입이 댓발이나 튀어나오는데도."

경숙이 엄마가 두레박에 물을 퍼 올린다. 이웃 아낙은 마음 아파하며 아이고를 연발하고, 우리 할머니는 쓰다 달다 아무런 말이 없다.

할머니는 막걸리 장사에 정신이 팔려서 우리 남매는 뒷전이었다. 우리는 그저 놓아먹이는 말처럼 함부로 컸다. 나는 늘 고아처럼 외로웠다. 고등학교 때, 불교학생회 동기가 내가 가족이야기를 하는 걸 들어본 적이 없어서 고아인 줄 알았다고 했다. 한 학년인 고종사촌이 있었다. 만나면 내가 그렇게 이웃 사람들 얘기를 한다면서 핀잔을 주었다.

"니는 머 그리 씰데 없는 남의 일에 관심이 많노."

어쩐지 뜨끔했다. 내 관심은 사람 사는 세상에 대한 호기심 같은 것이었다. 그 골목 안 이웃들의 삶이 남 같지 않기도 했다. 고종사촌에게 이웃 이야기를 했다가 핀잔을 받자 의기소침해졌다. 일기쓰기에 재미를 붙인 것은 그때쯤이었다. 초등학교 4학년이었는데 일기장을 펼치면 생사조차 모르는 엄마와 어릴 때 엄마랑 이태를 보낸 성주 외가가 떠올랐다. 엄마와 외가가 모두 강소천의 〈꿈을 찍는 사진관〉에 나오는 북한에 두고 온 순이 만큼이나 멀리 느껴졌다. 꿈에 엄마 손을 잡고 하얀 목화솜을 따러 갔다. 남항동에 있는 사진관 앞을 지나가면 내겐 엄마랑 찍은 사진이 한 장도 없다는 생각이 들었다. 그리움이 문장이 되었다. 쓰다 보면 일기장이 온통 눈물로 얼룩졌다. 일기장을 덮고 나면 베갯잇이 흠뻑 젖도록 울었다. 어떤 날은 우물가에서 들은 이야기를 쓰기도 했다. 고종사촌 금열이처럼 핀잔도 주지 않고 무슨 이야기든 다 받아주는 일기가 얼마나 고맙고 편한지 몰랐다. 일기장을 한 권 다 채웠을 때, 담임이었던 김신조 선생님이 일기 상을 주셨다. 부상으로는 표지에 갈매기가 그려진 자유일기장을 받았다. 제법 두툼했다. 손안에 잡히는 일기장의 그 두툼한 느낌이 근사했다. 상을 받아서인지 일기장에 옮긴 나의 하루하루가 의미 있게 느껴졌다. 얼마나 신이 났던지 집에 오자마자 첫 장을 쓰기 시작했다. 끝까지 채우면 또 자유일기장을 준다고 했다. 또 받았는지는 기억나지 않지만 어쨌든 저녁마다 일기를 썼다.

문맹인 할머니는 내가 일기 쓰는 걸 무척 경계하셨다. 대놓고 싫어하셨다. 밤에 호마이카 밥상을 펴놓고 일기를 쓰고 있으면 전기세 나간다고 30촉 백열등 불을 딱 꺼버렸다. 할머니의 진심은 전기세만이 아니었다.

"할매가 구박한 거 찌리 다 써서 니 애비한테 고대로 일러바치라 그래."

깜깜한 방안에서 할머니가 끙 하고 앓는 소리를 내며 돌아누웠다. 할머니는 내가 어린아이라고 함부로 대할 때가 많았다. 말도 안 되는 일로 지청구를 할 때는 기가 막혔다. 사춘기 때는 할머니께 따져 들고 맞섰다. 그럴 때면 내게 보따리가 날아오곤 했다.

"머리 검은 짐승은 거두는 게 아니라더니, 어디 키워준 공도 없이 말대꾸고."

그렇다고 해서 일기장에 할머니가 구박한 일 따위를 쓰지는 않았는데 당신이 내게 잘못한 걸 알기는 아시는 모양이다 싶어서 쿡 웃음이 나왔다. 그래도 내가 백일장에서 상을 받아왔을 때는 누구보다 기뻐하셨다. 그해에 영도 도서관에서 주최한 영도어린이 백일장에 학교 대표로 나가서 입상을 했다. 우물 길러 온 사람들에게 할머니가 내 자랑을 얼마나 많이 했는지 모른다. 그 상이 할머니가 그토록 싫어했던 일기를 꾸준히 쓴 덕분이었다는 사실을 알았다면 뭐라고 하셨을까. 내게 최초로 글짓기 상을 준 영도 도서관 관장의 이름은 예춘호였다.

그 얼마 뒤, 공교롭게도 예춘호 관장과 작은아버지 정주영 씨가 동시에 국회의원에 출마하게 되었다. 각각 공화당과 통일사회당 소속이었다. 작은아버지는 독서가였다. 문학, 철학, 사회과학 등 다양한 분야의 책이 작은집 책꽂이에 빼곡히 꽂혀있었다. 늘 책을 끼고 살았고, 젊을 때 신익희 선생을 만나 정치를 배워 소신도 분명했다. 내게도 당신 자식들과 똑같이 기대와 응원을 보내주신 분이 작은 아버지였다. 생애 첫 백일장에서 상을 준 나의 은인 예춘호와 존경하는 작은 아버지 중에 누굴 응원해야 할 지 난감했다. 할아버지도 나처럼 고민하셨다. 할아버지는 경로당 회장이었다. 어쩌다 할머니 심부름으로 경로당에 가보면 장기나 바둑을 두는 노인이 한 방 가득이었다. 작은아버지는 할아버지가 당회장으로 계시니까 경로당 노인들 표는 응당 자신에게 올 거라고 믿었다. 할아버지의 바람도 그러했으리라. 하지만 염치가 뻔한 할아버지께서 당신 아들 찍으란 말을 어떻게 했겠는가.

"우리 아들은 당이 그래갖고 택도 없으이, 예춘호를 찍든 김상진을 찍든 눈치 보지 말고 자기 소신대로 찍으시오."

이랬단다. 그 말이 작은아버지 귀에 들어갔다. 아버지란 사람이 아들을 도와줘도 시원찮을 판에 어떻게 상대 후보를 찍으라고 할 수 있느냐고. 작은아버지는 평소에 할아버지에 대해서 서운했던 감정까지 더해서 불같이 화를 냈다. 완전 삐치신 것이었다. 예상대로 예춘호가 당선되었다. 그 이후로도 작은아버지는 내가 고등학교를 졸업한 직후까지 영도구에 두 번이나 더 출마했고 모두 낙선했다. 자금이며 조직 면에서 턱없는 열세였다. 유세장에 가져갈 물건들을 수레에 싣고 나랑 사촌들이 앞에서는 끌고 뒤에서는 밀면서 현장에 갔을 때, 실감했다. 작은아버지 연설 순서가 되자 앞서 정견발표를 한 공화당 지지자들이 일제히 유세장 밖으로 몰려나가버렸다. "먹이 따라 도는 개들은 가라."하고 작은아버지는 그들의 뒤통수에 대고 일갈했다. 세 번의 낙선 끝에 작은아버지는 충동적으로 대평동을 떠났다. 식솔을 끌고 연고도 없는 강원도 영월로 유배 가듯 이사를 하면서 할아버지께는 작별인사도 하지 않았다. 몇 년 뒤에 다시 영도로 돌아오셨지만 할아버지가 계신 대평동이 아니라 고모가 사는 동삼동이었다.

대평동에는 토박이들보다는 일자리를 찾아 이주한 사람들이 더 많았다. 경남 양산이 고향인 우리 할아버지의 경우도 마찬가지였다. 향토사학자였던 할아버지께서 양산에서 대평동으로 이주하신 건 전쟁 직후였다. 그즈음 전염병이 돌아 할머니와 아버지 형제 6남매 중에 3남매가 돌아가셨다고 한다. 할아버지는 일본인 소유의 수리조선소에 취직하여 대평동에 정착하셨다. 고모는 홀로 계신 할아버지가 걱정이었다. 우연히, 식당에서 일하는 남원에서 온 젊은 할머니를 눈여겨보았다 할아버지께 소개했다. 두 분은 만난 지 얼마 지나지 않아서 살림을 합치셨다. 할머니는 고향인 전라도 남원에서 초혼을 했다. 혼인하는 날 겨우 얼굴을 본 새신랑이 첫날밤에 의수족을 빼서 벽에 척 걸더란다. 전쟁 부상자였다. 그 의수족이 참 무서웠단다. 새신랑에게 정을 붙이지 못한 새색시가 밤 봇짐을 싸고 말았다. 가난한 친정으로는 차마 돌아갈 수가 없었다. 보리쌀을 몰래 내다 판 돈으로 도망쳐온 게 대평동이었다. 대평동에 가면 뭘 해도 먹고 살 수 있다는 소문을 들었다고 한다.

어릴 때 내가 본 할아버지는 선비 같은 분이었다. 매일 아침 냉수마찰을 하고 새벽 다섯 시면 라디오 시조창을 틀어놓고 따라 부르셨다. 술 담배도 잡기도 없었다. 김구 선생 같은 동그란 안경을 끼고 작은 서탁 위에 고서를 놓고 읽으시던 모습이 생각난다. 정초에 이웃에서 인사를 와도 그 작은 서탁 위에서 토정비결을 봐주셨다. 이웃에서 법 없이도 살 사람이란 말을 들을 정도로 단정하셨다. 할머니에게도 큰소리 내는 법이 없었다. 할머니가 일방적으로 할아버지를 닦아세우는 일이 딱 한 가지 있긴 있었다. 할아버지가 암말도 못하고 쯔쯔쯔 하고 혀만 찼던 일이. 웬일인지 할머니의 정당한 요구를 무시하면서까지 할아버지는 혼인신고를 하지 않으셨다. 할머니는 그 일로 몇 번이나 보따리를 쌌다 풀었다 하며 눈물바람을 했다. 상속할 유산도 없고 헤어질 것도 아니었다. 상투를 제 목숨처럼 고집한 옛사람들처럼 호적을 버린다는 결벽을 갖고 계셨던 걸까. 할아버지가 89세로 돌아가실 때까지 할머니는 그것이 한이었다. 아버지는 8살밖에 차이 나지 않는 서모를 못마땅하게 여겼다. 작은 아버지는 돌아가신 친모와 비교하며 서모의 경박함과 헤픈 씀씀이를 타박했다. 특히 제삿날 오시면 음식을 많이 해서 삼이웃에다 나눠준다고 툴툴거렸다. 할머니는 기름 냄새를 풍겼으니 이웃에서들 얼마나 군침이 넘어가겠느냐고 나한테 하소연하시고. 평소에 부추전을 붙여도 여러 개 부쳐서 꼭 예쁜 건 이웃에 먼저 돌리고 못생긴 건 우리에게 줬다. 어린 맘에 그게 불만이었지만 그것이 할머니가 이웃을 사랑하는 방식이었다. 작은아버지는 할머니를 하와이라고 조롱 조로 지칭했는데, 하와이가 전라도 사람을 비하하는 말이란 사실을 알고는 작은아버지에게 실망했다. 할머니는 자신에게 호의적이지 않은 아버지 형제를 어려워했다. 할머니를 같은 여성으로서 이해하고 살갑게 대한 사람은 고모뿐이었다.

내가 초등학교에 입학하기 전에 우리 식구들은 수리조선소 부근의 사택에서 살았다고 한다. 그 시절의 기억은 잘 떠오르지 않는다. 대부분 다 큰 뒤에 들어서 알게 된 이야기이다. 그때는 엄마랑 할머니가 모두 한집에 살았다. 할아버지는 녹물과 기름때가 묻은 작업복을 입고 수리조선소에 다니셨다. 할머니와 엄마도 수리조선소에서 깡깡이를 하셨다. 젊은 엄마는 깡깡이를 곧잘 했다고 한다. 고향 성주에서 9남매의 맏이로 태어나 농사일로 단련된 터여서 일머리가 있었던 것이다. 그렇지만 시어른들 매 끼니를 챙기고 아이들 돌보면서 깡깡이까지 해야 하는 일상이 만만찮았을 것이다. 엄마는 깡깡이로 받은 돈을 모아 국제시장에 가서 우리 옷을 사다 입혔다. 할머니께는 눈총을 받았지만 예쁘게 입혀놓고 앞뒤로 돌려보면 그게 그렇게 행복할 수 없었단다. 매일 들통을 들고 가서 수리선 밑바닥에 붙은 홍합을 따와서 삶아 먹었는데 그게 참 별미였다고. 나중에는 물려서 꼴도 보기 싫었다지만. 어른들 모두 녹물에 기름때 묻은 작업복을 입고 다녔던 그 시절. 아주 어렴풋이 기억나는 장면이 딱 하나 있다. 그것이 내 유년의 첫 기억이었다. 엄마랑 살았던 그 적산가옥의 회랑 같이 긴 복도를 걸어갔던 기억이다. 창문틈으로 햇살이 쏟아져 들어오던 한낮이었다. 어른들이 모두 수리조선소로 일하러 나가버린 시간이었을 터. 다다미방에서 자다가 깨어났다. 방안에는 아무도 보이지 않았다. 나는 울면서 엄마를 찾아 아주 아주 긴 회랑 같은 복도를 걸어 나갔다. 그 기억은 앞뒤 맥락 없이 딱 그만큼이다. 그 좁은 집에 무슨 회랑 같은 긴 복도가 있었을까 싶다. 그건 내 기억의 재구성일지도 모른다. 어릴 때 그 넓은 학교 운동장이 다 큰 뒤에 가보면 그렇게 좁을 수 없는 것처럼. 어쨌든 그 최초의 기억은 세월이 한참 흐른 뒤에도 문득문득 내 앞에 다가서곤 했다. 10여 년 전, 작가회의 회원들과 북경으로 여행을 갔을 때였다. 후퉁의 뒷골목을 걸으면서도, 이화원의 그 긴 회랑에서도, 문득 어떤 기시감에 사로잡혔다. 막 유아기를 벗어났을 때쯤, 인생의 어떤 예감처럼 내게 다가서던 그 긴 회랑 같은 복도. 왜 그 기억이 내게 그렇게 무겁고도 선명하게 남아있는지 모를 일이다.

내가 태어나기 몇 년 전에 그 사택에서 겨우 두 돌을 넘긴 삼촌이 죽었다. 사택에 빈대약을 쳐놓고 두 분은 일터로 가셨다. 점심시간에 밥을 먹으러 집에 들렀더니, 아기가 빈대약에 질식사해 있었다. 할머니는 죽은 아기를 안고 실신했다. 아무리 일도 중요하지만 어떻게 빈대약을 친 방안에 아기를 두고 외출을 할 수 있었을까. 할머니는 자책감으로 정신이 반쯤 나가버렸고 할아버지도 망연자실했다. 할머니에겐 처음이자 마지막인 자식이었다. 고모가 할머니를

절에 모시고 갔다. 할머니는 죽은 아기가 극락왕생하도록 빌었다. 하지만 할머니는 아기를 떠나보내지 못했다. 불교를 제대로 이해하지 못하고 미신을 받아들였던 것이다. 스스로 마음을 닦아서 수행하는 불교보다는 미신이 할머니에겐 더 손쉬웠던 걸까. 죽은 삼촌이 아기동자귀신이 되어 할머니에게 붙었다고 무당이 굿을 했다. 할머니는 점점 더 미신에 빠져들었다.

내가 초등학교에 입학하기 전에 할아버지는 사택을 떠나 우물가 옆집으로 이사를 하셨다. 할머니는 기찻길처럼 길쭉하게 생긴 그 좁은 방안 한 귀퉁이에 선반을 만들어 작은 법당을 차렸다. 그러고는 아침마다 촛불을 밝히고 향을 피웠다. 간혹 점을 치러오는 이웃이 있었다. 할머니의 점은 신통찮았다. 그보다는 할머니가 담근 밀주가 일품이었다. 대평동 인근에 소문이 났다. 할머니 집으로 술손님들이 몰려들었다. 단칸방을 뺏겨버린 우리는 밖으로 돌아야했다. 할아버지는 경로당에서 소일하시고 손님들이 돌아갈 때쯤 집으로 돌아오셨다. 나는 동생의 손을 잡고 동네를 걸어 다니거나 보세창고가 있는 바닷가에 나가 앉아있었다. 바닷가 맞은편에는 자갈치시장의 불빛 아래 언제나 사람들이 분주하게 오가고 있었다. 빨리 어른이 되어서 어디론가 떠나고 싶었다.

중학교에 들어가서부터는 아예 학교에서 살았다.

학교가 파하면 교실에 남아 복도 끝에 있던 도서실에서 빌린 책을 읽었다. 작가란 묘한 인간들이었다. 어떤 작가는 '비밀이 없는 것은 재산이 없는 것과 같다.' 고 했다. 내겐 비밀이 많았다. 그것이 재산이 된다니. 비밀을 나보다 더 많이 가진 불행한 인간들이 책 속에는 수두룩했다. 어쩌면 그 낯뜨거운 비밀을 그토록 술술 까발릴 수 있을까. 불행을 어쩜 그리 찬란한 아름다움으로 그려낼 수 있을까. 그 상상력이 놀라웠다. 영화를 보는 동안 현실을 망각하듯이, 책을 읽는 동안 나는 산투리를 켜는 희랍인 조르바처럼 자유로웠다. 나는 더 이상 가난하고 버림받은, 작고 못생긴 소녀가 아니었다. 미운 오리새끼가 백조가 되듯이, 제일 못생긴 셋째딸이 아비를 구하고 나라를 구하듯이. 나도 언젠가는 세상 사람들에게 내 비밀을 들려줄 때가 오리라는 생각을 하며 달빛을 받으며 집으로 돌아오던 그 숱한 밤들을 잊지 못한다.

고향을 떠난 뒤 오랫동안 대평동을 잊고 살았다. 아니 의도적으로 잊어버리려고 했다는 게 더 정직한 말일 것이다. 하지만 산업화의 현장에서 치열하게 살아온 고향 사람들의 그 강인한 생활력이 어디 가겠는가. 그것은 고스란히 내 유년에 녹아있을 것이다. 대평동의 그 특별한 정서가 그 시절의 내게 면사포처럼 드리워졌던 슬픔과 그늘이, 나를 문학으로 이끌었다는 것을 어찌 모르겠는가. 문학이 이끄는 대로, 그 손을 놓지 않고 걸어온 덕분에 나는 예전보다 좀 더 나은 인간이 될 수 있었다.

옛 시에 "북쪽에서 온 호마는 언제나 북쪽 바람을 향해 서고, 남쪽 월나라에서 날아온 새는 나무에 앉아도 남쪽으로 뻗은 가지에 앉는다."는 말이 나온다. 말 못 하는 짐승도 제가 나서 자란 고향을 잊지 않는 법이다.

내가 다시 고향을 찾게 된 건 십수 년 전 교통사고를 겪은 뒤였다. 병실에서 겨울 한 철을 났는데, 부산에 폭설이 내렸다. TV에서는 40년 만의 폭설이라고 유기경 아나운서가 한껏 들떠있었다. 9층 병실 창밖으로 눈 오는 시가지를 내려다보는데 어린 시절 폭설의 추억이 고스란히 떠올랐다.

아침에 방문을 열고 나가니 눈 세상이었다.

"오메 도둑눈이 겁나게 왔어야."

전라도 사투리를 통 안 쓰시던 할머니였다. 자신도 모르게 불쑥 튀어나온 할머니의 고향 사투리가 그렇게 정겨울 수가 없었다. 나는 남동생 손을 잡고 골목 밖으로 나가보았다. 수리조선소 마당에 층층이 쟁여둔 아름드리 통나무가 하얀 마법의 성처럼 우뚝 솟아있었다. 수리가 끝나 이제 먼 바다로 나갈 채비를 하고 있던 도크 위의 선박 위에도 하얀 눈이 소복이 쌓여있었다. 아이들이 하나 둘씩 뛰어나와 통나무 위에 올라가 눈싸움을 했다. 아이들의 웃음소리가 눈가루와 함께 하얗게 부서져 내렸다. 누군가 봄, 꽃, 나비, 학근이 바보 따위의 글씨를 새기기 시작했다.

그날 병실 창가에 서서 점점 굵어지는 눈발을 내려다보았다.

문득 오랫동안 고향을 잊고 살았다는 사실을 깨달았다. 불현듯 대평동에 가보고 싶었다. 퇴원하고 제일 먼저 대평동을 찾았다. 영도다리를 지나 기름 냄새가 나는 물양장 길을 걸어 내려가는데 도선장 요금소가 보였다. 어릴 때 친구들과 30원인가 하는 편도요금을 내고 타면 남포동에 내리지 않고 왔다 갔다 할 수 있었다. 배에서 내리지 않는 이상 요금은 탈 때 한 번만 주면 그만이었다. 관리하는 아저씨에게 들키지 않으려고 요리저리 피해 다니곤 했다. 고등학교 때는 동대신동에 있는 학교까지 통학하느라 자주 통통배를 탔다. 당시 고등학교 진학을 못 한 초등학교 여자 동창이 도선장 요금소에 가끔씩 앉아있었다. 어느 겨울날, 요금을 내밀었더니 실금처럼 갈라진 그녀의 튼 손이 내 손을 말없이 밀어냈다. 몇 번 더 그렇게 공짜 배를 탄 기억이 난다. 언제부턴가 그녀가 보이지 않았다. 그녀의 튼 손이 떠오르면서 어제 일처럼 마음이 아릿했다. 그 속 깊은 친구의 이름이 정희라는 것을 우연히 동창 카페에 오른 졸업앨범을 보고 알게 되었다. 쌍꺼풀이 깊고 눈썹이 짙은 그 친구 정희는 어디에서 무엇을 하면서 살고 있을까.

나는 요즈음 가끔씩 대평동에 간다. 갈 때마다 내 고향이 어쩜 이렇게 아름다운 곳이었나 하고 감탄 삼탄한다. 과거의 흔적을 말끔히 지워버린 자리에 고층 아파트들이 어지럽게 들어선 해운대를 보다 보면 대평동 골목이 더없이 귀하게 느껴진다. 그 좁은 골목 안을 걷다 보면 까맣게 잊었던 기억들이 앞다투어 튀어나온다. 대평동은 내 문학의 마르지 않는 우물 같은 곳이다.

영도도선장
대평동↔남포동

충남식당

KANGKANGEE BLUES
stafford
깡깡이
酒

그래픽노블 〈깡깡이블루스〉

마크 스태포드(Mark Stafford, 영국)

깡 깡
깡 깡 깡 깡 깡 깡 깡 깡 깡 깡 깡 깡 깡 깡 깡 깡 깡
깡깡이
블루스

깡
깡
깡
깡
깡
깡
깡
깡
깡
깡
깡
깡
깡
!
깡
깡
깡
깡
깡
깡
깡
깡

깡
깡
깡
깡
깡
깡
깡
깡
깡
깡
깡

깡
깡
깡
깡
깡
깡
깡
!

깡
깡
깡
깡

깡 깡 깡 깡 깡 깡 깡 깡 깡 깡 깡

깡 깡 깡 깡

타로

?

깡 깡 깡 깡

fee

깡 깡 깡 깡 깡 깡
깡 깡 깡 깡 깡
깡 깡 깡 깡
깡 깡 깡 깡 깡 깡 깡 깡 깡 깡
깡 깡

GAP
WE SHOULD ALL BE FASHIONISTA

진영종

웡웡 웡웡 웡웡웡웡웡
웡웡웡웡

윙윙윙 윙윙윙
윙윙윙윙
윙윙윙윙
윙윙윙윙

윙윙윙 윙윙
윙윙윙

윙윙윙윙윙윙윙윙윙윙윙윙윙

!
윙윙윙

윙윙

윙윙윙윙윙윙윙윙윙윙윙윙윙윙윙

윙윙윙
윙윙윙윙윙윙윙윙윙윙
윙윙

stafford

'깡깡이블루스' 작업을 마치며

마크 스태포드 Mark Stafford

깡깡이블루스는 짧지만 슬픈 사랑 이야기이다.

처음 깡깡이예술마을 예술감독으로부터 깡깡이 아지매에 대한 작업을 해달라는 제안을 받았다. 깡깡이 아지매들은 배의 선체에서 녹이나 따개비 같은 것들을 벗겨내는 힘든 일을 오랫동안 해오고 있었는데 예전에는 망치로 때리는 단순한 방법으로 일을 하다가 요즘은 전기 그라인더를 사용하게 되었다. 이 일은 중년여성이나 70대에 이르는 할머니들에게는 여전히 힘들고 위험한 일이다.

7월 말 부산에 와서 깡깡이마을을 직접 보니 시각적인 영감을 쉽게 얻을 수 있었다. 만약에 당신이 보물선의 이미지로 녹슨 선박을 떠올린다면, 이런 배를 볼 수 있는 깡깡이마을은 아주 특별한 곳이고 꼭 동화 속에 나올법하게 멋진 곳이다.(운 좋게도 내 머릿속 보물선의 이미지가 그랬다) 이곳에서는 배를 직접 만들지는 않지만 배를 수리하기 위한 모든 것이 갖춰져 있다.

나는 바로 내가 그리고 싶은 이미지들을 발견할 수 있었고, 그 이미지들과 함께할 이야기를 만들어갈 아이디어를 꽤 빨리 생각해낼 수 있었다. 그 이야기는 사랑하다 헤어지지만 50여 년이 지나 다시 만나게 된다는 단순한 사랑 이야기다. 이 이야기는 복잡한 이야기는 아니지만, 음식에서 역사, 그리고 풍경과 건축에 이르기까지 8월의 부산에서 내가 2주간 신나게 겪고 배웠던 것들 중 꽤 많은 것들이 이 이야기 안에 잘 들어가 있다. 수백 장의 사진을 찍었고, 많은 것들을 메모하고, 아주 더운 날씨에 계단을 많이 오르내렸다. 아쉽게도 내가 한국어를 몰라서 간신히 이해하거나 혹은 놓친 것들이 매우 많다는 것을 알지만 나는 모든 부분에서 노력했고, 그 노력의 결과물들이 이 이야기 안에서 잘 드러나도록 노력했다.

이것은 부산을 있는 그대로 그린 것이 아니며, 단지 바다가 있는 또 다른 나라 출신의, 부산에 완전히 매혹된 한 만화가의 눈으로 본 부산을 그린 것으로 이 이야기 속에 얼마간의 진실이 있기를 바란다. 나는 사랑 이야기를 그렸다. 그런데 이 이야기는 또한 부산이라는 도시와 내가 부산에 있던 동안 만났던 모든 사람들에게 보내는 연애편지이기도 하다.

나는 나의 작업을 가능하게 도와준 깡깡이예술마을과 영국문화원, 한국문화예술위원회에서 만났던 모든 좋은 분들에게 깊은 감사를 표한다. 특히 오랫동안 내 가이드와 통역사이자 조사원 역할을 해주고, 즐거운 저녁을 같이 해준 보민 씨에게 감사한다. 내가 해운대에서 술김에 잃어버린 중요한 메모리 카드를 자기가 꼭 해줘야 하는 일이 아니었음에도 찾아준 민정 씨에게도 고마움을 전한다. 새로운 많은 음식들을 소개해 준 이승욱 감독님께도 감사를 표한다. 다른 여러 가지 것들 중에서도 특히 영어방송 진행자인 McLuckie-Jeon과 만남을 주선해 준 신예지 씨께 감사한 마음을 전한다. 그리고 세계 반대편에서 나와 끝없이 메시지를 주고받으면서 내가 그린 그림을 읽을 수 있는 만화로 잘 모아서 완성해준 여주 씨, 당신 정말 대단했어요!

Mark Stafford

London 2017

깡깡이예술마을교양서-3

깡깡이마을, 100년의 울림 – 생활

깡깡이예술마을 KANGKANGEE Arts Village 

초판 1쇄 발행	2018년 03월 24일
발행처	부산광역시 영도구, 영도문화원
기획	깡깡이예술마을 사업단 www.kangkangee.com T. 051-418-1863 부산시 영도구 대평로27번길 8-8 2층 깡깡이예술마을 생활문화센터
제작	도서출판 호밀밭 www.homilbooks.com T. 070-7701-4675
집필 총괄	깡깡이예술마을 사업단
사진	깡깡이예술마을 사업단, 홍석진, 전재현
디자인	최효선, 추주희
그래픽노블	마크 스태포드(Mark Stafford, 영국)
시화 작품	김길자, 김부연, 김순연, 박송엽, 서만선, 한덕출
외부 원고	강영조, 김필남, 방호정, 오동건, 전재현, 정우련

Published in Korea by Homilbat Publishing Co, Busan.
Registration No. 338-2008-6. First press export edition March, 2018.

ISBN 978-89-98937-84-3 03980

「이 도서의 국립중앙도서관 출판예정도서목록(CIP)은 서지정보유통지원시스템 홈페이지(http://seoji.nl.go.kr)와 국가자료공동목록시스템(http://www.nl.go.kr/kolisnet)에서 이용하실 수 있습니다.(CIP제어번호: CIP2018007794)」